吳介甫

吳介甫的
熱賣麵包課

吳介甫——著

經典臺式、
人氣吐司、
造型技法，
40款必學美味麵包
全圖解

Content

Part 1　製作麵包的基礎材料 · 工具 · 技法

Part 2　經典臺式麵包

Part 3　人氣麵包

Part 4　香軟吐司

Part 5　造型麵包

恭喜烘焙界陽光帥氣的介甫老師新書出版囉！

介甫老師十六歲起就接觸烘焙業，現在年紀輕輕，已經有超過二十年的功力。介甫老師投入烘焙教學，雖然只有短短幾年的時間，但是憑藉親切的教學態度，風趣的上課氛圍與紮實的烘焙技巧，現在已擁有遍布全臺灣的數千名粉絲追課。

秉持著烘焙及對教學的熱忱，介甫老師將私房手藝編纂成這本《吳介甫的熱賣麵包課》與烘友及學生們分享。書中的麵包，光是看名稱就讓人食指大動。在書中傾囊相授四十款超夯麵包，從令人懷念的臺式經典麵包，到口味多變的柔軟吐司、可愛的造型麵包應有盡有。光是看到品項目錄，就讓人迫不及待想趕快翻閱書裡的內容。

本書中麵包的口味，是介甫老師用專業的烘焙經驗設計而成，教導讀者利用好購買的食材，自己在家就能做出好吃又健康的麵包。書中豐富的內容，能讓你快速上手之外，也能輕鬆享受動手做麵包的樂趣。相信對於烘焙愛好者、餐飲科學生、或是業者師傅們來說，這是一本一定要收藏的好書！

讓我們趕快跟著介甫老師，一起照著書中內容開心做麵包！GO！麥田金誠心推薦！

《麥田金老師的解密烘焙》作者

麥田金

廚師的工作，是以經驗的累積，選用心目中的好食材，用最適當的手法處理加以變化，可以把複雜的操作簡單化，這是職人日積月累的付出辛勞所詮釋出的技能。

與介甫師傅的認識是從聚會開始，在臉書中經常到各地教學傳承，以微笑和愉快幽默的上課方式大受好評。在這競爭的局勢中，知道自己的目標與方式不斷的往前邁進努力，我想這就是介甫最大的優勢。

我推薦這本書，希望讀者們能藉由這本書學習更多的烘焙知識及技巧。

訂製大師的手作幸福甜點
Jeffery Pan 潘楚岷

沒想到當初見面的小毛頭，已經變成一位優秀的烘焙老師，而且要出書了，真的非常恭喜他。

介甫是個很認真、很有責任感，又聰明的孩子。在工作時，他都能把自己的事情做得很好；在教導其他學徒上，也非常願意把自己學到的交給對方，是個不可多得的好師傅。祝福介甫的新書大賣，一切順利。

禾樂烘焙坊 資深麵包師
賴順斌

一個個麵包，堆起了我的人生

　　我從小在單親家庭長大，由外婆一手帶大。國中的時候因為不喜歡讀書，所以早早就投入社會工作了。我做過黑手，也學過組裝腳踏車，但總覺得沒有太大興趣，直到有一天，姐姐在翻報紙找工作的時候跟我說：「介甫，你可以去學做麵包呀，這樣每天就可以吃到好吃的麵包，而且不會餓肚子。」就是因為這句話，開啟了我的烘焙之路。

同學在玩樂，我在努力做麵包

　　在朋友的介紹下，我到了位於萬華龍山國中附近的麵包店，當起了麵包學徒，當時的我十六歲，開始半工半讀的生活。記得上班第一天覺得很好玩，早上刮刮烤盤、做做三明治，幫烤好的麵包點綴裝飾，下午再洗洗模具，一整天下來感覺還蠻輕鬆的。就這樣過了一個星期，老闆問我工作做得如何，我笑笑地回他說：「我覺得還蠻簡單的啊！」這時候老闆露出奸笑地對我說：「如果一開始就讓你覺得很辛苦，你早就不幹了，接下來要教你的才是重點。」

　　果然，沒多久我就開始一連串的精實學習，要一個人顧烤箱烤麵包，還要一邊做麵包裝飾，外加炸甜甜圈，可以說是一個人當三個人用。而且早年的師傅都很嚴格，只要是事情沒做好，或是基本的工作態度不對，像是站三七步或是將身體靠在桌上，輕則挨罵，重則被「巴頭」。我就是在這樣的環境下苦學多年，雖然回想起來真的很辛苦，但也感謝這些師傅的嚴格教導，讓我打下扎實的基礎。

　　學滿三年六個月後，我決定離開第一間麵包店，因為我想要學習更多麵包的技法與知識，也想知道其他厲害的麵包師父是怎樣做麵包的，於是我到過很多間麵包店工作。每到一間店，我都會給自己設定二年的時間學習，就這樣經過了好幾間店，直到我在土城的一間麵包店遇見賴順斌師傅，一個影響我最深的老師。我在賴師傅身上學到的不只是做麵包的方法，更多的是做麵包的觀念、做事情的態度。一直到現在，我都還是非常感謝他，因為有他才有現在的我。

透過烘焙教學，將美味傳送到更多人家中

我也很感謝當時一起在土城上班的同事陳順慶師傅，當初他的一句話：「介甫，我覺得你很適合教大家做麵包」，把我帶進了烘焙教學領域。因為有這個機緣，我才能夠認識更多喜愛烘焙的朋友，與大家分享我這二十年來的烘焙經驗。

我常常跟同學分享，做麵包最重要的不是要做得多好看，或是多好吃，而是要開心地做，享受這個過程。每個人做出來的麵包都是獨一無二的，這也是麵包最迷人的地方，只要是保持著愉快的心情所做出來麵包，享用的人一定也會感受到這幸福的味道。

◑ 很多同學對我的課程印象，除了老師很帥，哈哈，還有就是教學仔細、很有耐心，謝謝同學們對我的肯定。

◑ 同學們常跟我分享，他們照著我的教學做出好吃的麵包，連家人都讚不絕口，這些讚美也讓我感到幸福。

將二十年的經驗，不藏私全公開

　　誰也沒想到，一個年輕小夥子，原本只是單純藉由學習做麵包養活自己，卻做出興趣，從學徒一步一步成為講師。我雖然不是科班出身，卻也經過一番苦練實練，做出屬於自己的麵包天地。不敢說我的技巧最無敵，麵包最好吃，卻也是苦心學習二十年的成果。

　　這本書裡包含了很多我自己非常非常喜歡的麵包款式，其中有很多都是各大麵包店的人氣熱銷商品，書裡還有記錄許多降低失敗率的小技巧喔！雖然沒有辦法一口氣把我畢生所學到的東西，在一本書裡面通通分享給大家，但我相信你細細品嘗並實做之後，一定會愛上它的！

➔ 我是上輩子的小情人眼中的麵包超人。

⊃ 和女兒一起做麵包很有趣，她會一直去看麵團變大了沒。一起做麵包的過程，
絕對是一段很美好的親子時光。

Part 1

製作麵包的
基礎材料・工具・
技法

製作麵包的
常用材料

開始做麵包之前，得先了解用來製作麵包
的基本材料。除了麵粉、奶油、雞蛋等基
本材料，也會一併介紹本書中使用到的各
種配料。

🌾 基本材料

高筋麵粉

麵粉是製作麵包的主原料，一般在製作
麵包時，會使用蛋白質含量約 11.5 ～
13.5% 的高筋麵粉。由於黏著性佳，延
展性跟韌性都比中、低筋麵粉來得好，
做出來的麵包會富有彈性、嚼勁，因此
相當適合用於製作麵包及吐司。
※ 本書使用統一麥典實作工坊麵包專用粉

法國麵粉

法國麵粉不以蛋白質含量區分高、中、
低筋，而是以麵粉的「灰分（即麩皮、
胚芽等礦物質成分）」含量，大致分成
六種。使用法國麵粉製作的麵包會帶有
小麥的淡淡香氣，適合用來製作法國麵
包及歐式麵包。

雞蛋

雞蛋可以增加麵包口感，同時讓麵團質
地柔軟、香氣更豐富。用於配方之外，
也會用全蛋液或蛋黃液刷在麵包表面，
幫助固定餡料，以及增加麵包表面的漂
亮色澤。

細砂糖

細砂糖的作用除了提供甜味，還包括幫助上色、添加香氣、穩定打發的蛋白、幫助酵母發酵等，加入糖之後也能降低麵團韌性，使麵包變得柔軟，還有保持水分等功能。一般在烘焙中最常使用的是細砂糖，也可以使用黑糖、上白糖或蜂蜜等材料取代，風味也會有所不同。

鹽

鹽在烘焙中雖然也有調整麵包風味的作用，但更主要的添加原因，是為了防止麵團鬆垮、強化筋性。不過，鹽也具有抑止發酵的作用，若是添加過量，則會影響酵母的發酵程度，因此在添加時要注意分量。

乾酵母

酵母的功能顧名思義，就是要讓麵團發酵，主要又分成新鮮酵母及乾酵母。新鮮酵母的含水量較高，因此容易變質，保存期限較短。本書使用的是低溫乾燥的高糖乾酵母，開封後要盡快用完，如果沒用完則可密封後冷凍保存約 1 ～ 2

年。如使用新鮮酵母，則用量跟乾酵母的比例是 3 比 1，即須使用配方中三倍的新鮮酵母。另外也要注意，在秤材料時不要把酵母跟糖、鹽秤在一起，才能避免抑止發酵。

無鹽發酵奶油

發酵奶油是在製作過程中加入乳酸菌發酵而成的奶油。使用發酵奶油製作出來的麵包，會帶有較為濃厚的韻味，雖然也可使用一般無鹽奶油取代，但風味上會有些許落差。另外，為了方便控制配方中的鹽量，一般在烘焙中大多使用無鹽奶油。

牛奶

牛奶也是烘焙中的常見材料，不僅能使麵包帶有奶香味，吃起來也會更柔軟。另外，牛奶中的乳糖成分可以幫助麵包在烘烤時上色，烤出漂亮的色澤。

🌾 常見配料

黑糖

黑糖帶棕色色澤，有著深厚的甜味，屬於非精製糖，營養價值也比精製後的白糖更加豐富。使用黑糖可以為麵團調色，也能增添天然香氣。

天然色粉

像是：菠菜粉、南瓜粉、抹茶粉等，都是可以用來調色、增加麵包風味與香氣的天然色粉。

奶粉、奶水

加於麵團中，可為麵包增添濃濃奶香味。

乳酪、起司

運用像是：乳酪丁、起司片、帕馬森起司粉等，揉入麵團或作為餡料、裝飾，帶來鹹香美味。

餡料

像是：芋泥、蜜紅豆等常見餡料，多包進麵團作為餡料，或揉入麵團中增加豐富口感。

果乾

像是：葡萄乾、蔓越莓乾等天然果乾，大多揉於麵團中使用，可先浸泡於紅酒或蘭姆酒，增加濕潤口感與香氣。

巧克力

巧克力可以包在麵團內作為餡料，增加香甜滋味，也能隔水融化後裝飾麵包表面。

蜂蜜

可以代替砂糖加入主麵團配方，不僅帶有天然蜜香，還能讓麵包吃起來更鬆軟。

堅果

像是：核桃、南瓜子等，常揉於麵團中的堅果，也可裝飾於麵團表面。

麻糬、粿加蕉

包在麵包當中可增加 Q 軟口感。粿加蕉為非糯米製品，跟麻糬一樣吃起來軟 Q，烘焙中可代替麻糬使用。

製作麵包的基本工具

做麵包當然不能只靠雙手，但也沒有想像中大費周章。只要準備以下工具，就能開始揉麵團囉！

電子秤

用於測量烘焙材料，是量杯、量匙之外可以幫助我們準確測量工具之一。

烘焙用刷具

在麵包表面刷上奶油或蛋液時使用。

橡膠刮刀

市面上常見的有食品級橡膠及矽膠兩種材質，可以用於攪拌麵團材料，或刮取鋼盆內沾黏的麵糊。

刮板

用於分割麵團、整形及刮起沾黏麵粉等步驟，有不鏽鋼跟橡膠等材質。

過篩網

用於過篩麵粉、細砂糖等粉材，能讓麵團更加細緻均勻。

打蛋器

用於混合材料以及打發蛋液等步驟。

電動攪拌器

與打蛋器功能類似，但混合與打發時能更省時省力，主要用來打發蛋白。

烘焙紙

鋪於烤盤上，可避免麵包沾黏。

擠花嘴

用於將餡料擠入麵團時，也可用來造型。

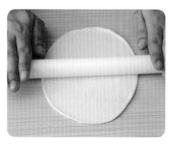

擀麵棍

將麵團擀平、擀薄時使用，可選擇適合自己使用的大小。

放涼網架

麵包出爐後，可以放上網架加速散熱。

吐司模具

烘烤吐司時，將麵團依序放入吐司模中，可烘烤出漂亮的方形吐司。本書使用三能食品器具的SN2151、SN2052兩種吐司模。

不藏私！七大
必學技法全公開

這本書將會為大家介紹許多揉麵團的基本手法，以及特殊造型的整形技法，了解操作重點與技巧後，相信只要多加練習，每一個人都可以做出好看又好吃的麵包。

「滾圓」是做麵包的基本手法，透過滾圓除了能讓麵團表面光滑，還可將多餘空氣排出，以利發酵。但小心過度滾圓，會讓麵團失去彈性喔！

1 滾圓
手指放鬆、手掌中間保持空心，將麵團在桌面滾圓。

2 捏起麵團底部
將滾圓的麵團拿起，輕輕收合麵團底部。

包餡手法

在製作紅豆麵包、芋泥麵包等包餡麵包時,掌握包餡時的技巧,避免餡料爆出外露。

1 壓平麵團

麵團底部捏起收合,捏起面朝下再用手壓平,讓四周薄一點、中間保有厚度。

2 包入餡料

將麵團底部朝上,包入餡料,將周圍麵團捏起,再一邊轉動麵團一邊捏圓。

橄欖型整形

示範影片

橄欖型整形手法，也是製作麵包的基本技巧之一，運用在肉鬆麵包、蔥花麵包等長橢圓形的麵包款式中。橄欖型整形看起來好像很簡單，卻是許多烘焙人的「大魔王」，除了要留意小動作，還需要反覆練習，才能整得漂亮。

1 壓平

先用手掌邊緣來回滾動麵團，讓麵團稍微變長，再輕輕按壓壓扁，將多餘空氣壓出。

2 擀平

以擀麵棍將麵團擀平、擀長，靠身體的麵團稍微留厚一些，前面則是薄一點。

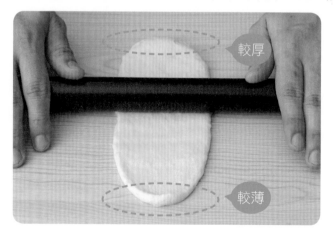

較厚

較薄

3 翻面

翻面，讓薄的一面靠近自己、厚的一面在前方。再將薄的一面用手指輕輕按
壓壓扁、黏在檯面上。

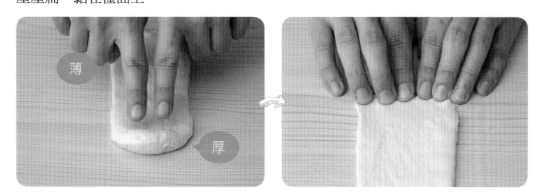

4 捲起

用三根手指頭，輕靠在麵團的兩側，從前端（麵團較厚的一端）往身體方向
輕輕收入（大約三次）。

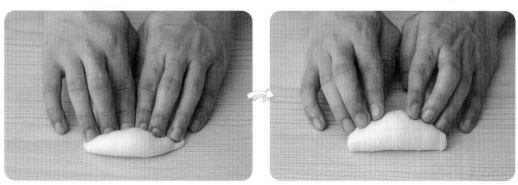

5 晃動整理

將手掌拱起並放鬆，讓掌心內保有空間，將麵團在掌心內來回晃動，讓麵團
兩端形狀微尖、中間較胖。

想要做出層次漂亮的鹽可頌，重點就在於整形。放上奶油後，需把握時間，快速且輕柔地將麵團捲起。

1 搓長

將麵團底部橫捏起呈長條形，在桌面搓成一端較粗的水滴狀，再用雙手將麵團搓長。

Tips 麵團底部會較濕黏，整形前先捏起來，搓長時才不會黏在桌面。

2 擀長麵團

麵團接縫朝上，尖的一端朝身體直放。一手輕拉麵團尖端，用擀麵棍從中間往身體方向擀平。尖端擀平後，再從中間（下擀麵棍的起始位置）將整條麵團往前擀平。

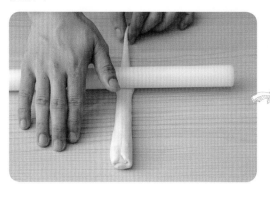
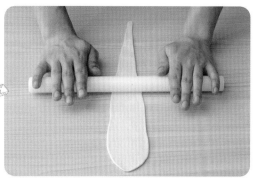

3 拉平固定

從寬的一端拉起擀平的麵團，輕輕向前拉緊，用手指將寬的一端在桌面壓平，此時麵團會推成細長的三角形。麵團寬的一端，放上切成條狀的有鹽奶油（約 4 公分，3 ～ 5 公克）。

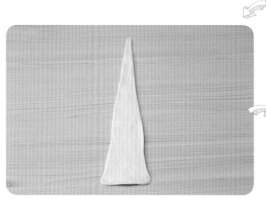

4 包入奶油

從放上奶油的一端，用食指跟拇指將麵團慢慢往身體方向捲起。

Tips 捲起麵團時，可以邊捲邊輕輕往前拉緊麵團，可頌的層次會更明顯。

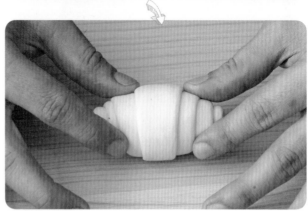

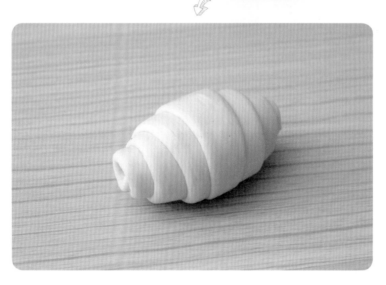

 **三股辮整形**

示範影片

　　三股辮整形看起來雖然有點複雜，不過很多媽媽都有幫小朋友綁頭髮的經驗，所以很快就能上手。透過三種不同顏色的麵團，加上三股辮整形，做出豐富造型，麵包的世界就是這麼讓人著迷。

1 麵團搓長
麵團搓長後，稍微靜置鬆弛。

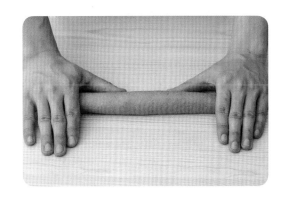

2 依序疊放
先將二條麵團交疊，呈現 X 形，再放上第三條麵團。

3 編三股辮

先抓起最底下的麵團往上交疊，接著再將其他兩色麵團依序交錯疊起，最後再將尾端捏緊。

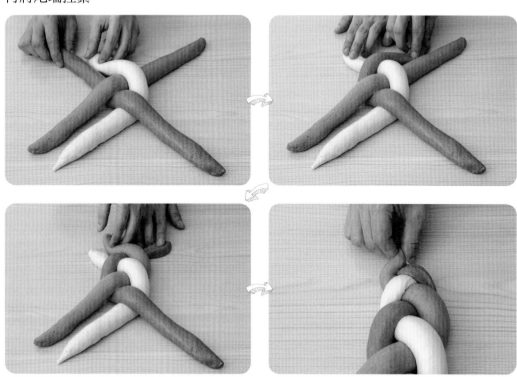

Tips 編三股辮時要注意保持正面朝上，不要扭轉麵團。

4 換邊

將麵團翻面，讓尚未編的麵團靠近身體，再利用相同手法，將麵團編成三股辮，捏起麵團尾端即完成。

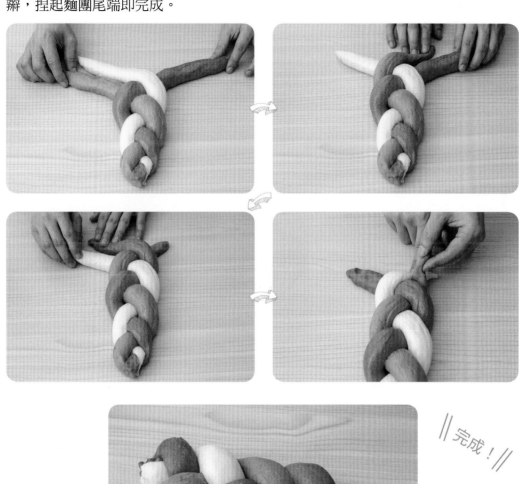

製作甜甜圈或貝果這一類圓形麵包時，整型重點在於圍出一個漂亮的圓形，而且交接處需要牢牢固定，才不會散開。

1 拉長

將麵團往左右拉開呈長條形，再輕輕壓平。

2 擀平

用擀麵棍擀平，擀好並翻面。將底部（靠近身體的一面）拉平呈長方形，再用手指按壓，使麵團黏在檯面上。

3 捲成長條

用雙手從前端慢慢將麵團捲起成長條狀,再用手輕輕搓長。

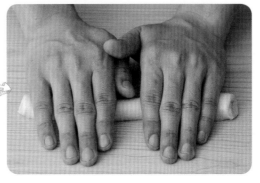

4 連接頭尾

將一端按壓呈扁平狀,再將另一端放在扁平狀這一端的上面。

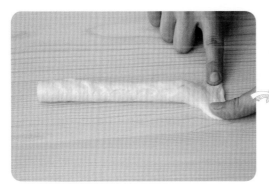

Tips 接合麵團時,要注意扁平端需保持朝上,不可任意扭轉。

5 修飾圓形

將扁平端的麵團往中間包起捏合,仔細捏合至看不到接縫處即可。

Tips 可在烤盤上抹油,將甜甜圈正面朝上放置備用。

葉片麵包是臺式麵包當中很有特色的一款造型，透過簡單的技巧，製造出獨特的視覺效果，也是屬於許多人共同擁有的臺味記憶。這裡示範的是包有芋泥餡的麵包，完整作法請見 p.77。

1 對折麵團

輕擀麵團，將麵團擀平。擀平後翻面，對折再對折，呈 1/4 圓。

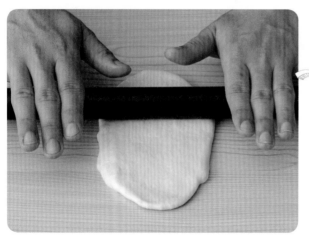

⬤ 擀平

Tips 擀平麵團，力道需輕柔，避免將餡料壓出。

⬤ 對折

⬤ 再對折

3 切開一刀

在較長的一邊邊角預留大約一個大拇指寬，再用刮板切開一刀。

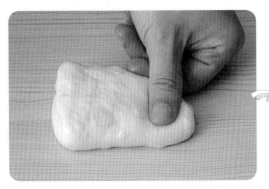 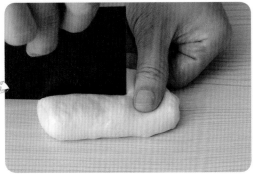

4 翻面撥開

抓住兩層麵團翻開切面，就會變成葉片狀。

⊃ 從中間切一刀

⊃ 將切開的兩端向外扭轉

Part 2
經典臺式麵包

鹹香好吃的經典蔥花麵包、甜蜜蜜的草莓夾心麵包，以及濃郁美味的奶酥菠蘿，只要學會最基礎的臺式麵包作法，就能做出童年回憶中的經典臺式麵包！無論鹹甜口味都恰到好處，還能衍生出超多變化款！

製作臺式麵包
基礎麵團

製作麵包時，有三種常見作法，分別是直接法、中種法、湯種法，而本章所示範的臺式麵包，皆是利用中種法來製作。需先製作一份中種麵團，再製作成主麵團，利用這個主麵團就能完成 18 種美味的臺式麵包。

製作中種麵團

Step 1

「中種法」又可分為當天中種法、隔夜中種法等等，我一般使用的是當天中種法，製作好中種麵團，經過發酵後即可接著做成主麵團，製程較為快速，成品也很美味。

>>>>>>>>>> 材料 <<<<<<<<<<

高筋麵粉……140g　　　細糖……4g　　　乾酵母……3g

全蛋……20g　　　水……68g

* 成品總重為 235g

>>>>>>>>>> 作法 <<<<<<<<<<

1 混合材料

將全部材料（高筋麵粉、細糖、乾酵母、全蛋、水）加入鋼盆中，慢速攪拌 2 分鐘。

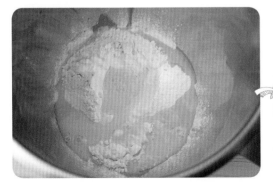

2 揉和麵團

用塑膠刮刀刮下沾黏在鋼盆內壁的麵糊，整理乾淨後再以中速攪拌 4 ～ 5 分鐘。

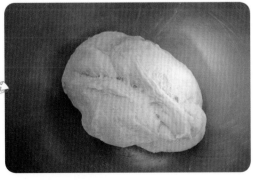

3 確認狀態

用雙手拉開麵團，可拉出薄膜的程度，才可進行整圓。

4 整圓發酵

將麵團大致整成圓形，放入發酵箱（溫度 30 度、濕度 75 ～ 80 度），或者蓋上濕布或保鮮膜，室溫靜置發酵一小時。

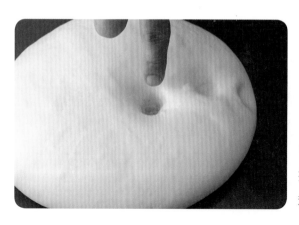

5 完成

確認麵團發至兩倍大後，用手指戳戳看，麵團表面不會回彈，中種麵團即完成。

介甫老師的小教室

中種法使用的中種麵團，最好是當天提前製作。若麵團發酵時間過久，味道會過酸，就不能使用了。如果真的沒空，可以提前做好後冷凍保存，製作時再退冰使用。

Step 2 製作基礎主麵團

製作好中種麵團後，發酵約一小時後即可接著製作主麵團。中種法以兩個階段製作，雖然作法稍微繁複了點，但可以保留更多水分，讓成品更香更柔軟好吃。

▷▷▷▷▷▷▷▷▷▷▷▷▷▷▷▷▷▷ 材料 ◁◁◁◁◁◁◁◁◁◁◁◁◁◁◁◁◁◁

中種麵團……235g

高筋麵粉……40g

低筋麵粉……20g

細糖……40g

鹽……3g

奶粉……6g

碎冰……40g

無鹽發酵奶油……20g

*成品總重為 404g

▷▷▷▷▷▷▷▷▷▷▷▷▷▷▷▷▷▷ 作法 ◁◁◁◁◁◁◁◁◁◁◁◁◁◁◁◁◁◁

1 分切中種麵團

將 p.41 做好的中種麵團切成小塊。先分切小塊，可以避免在攪拌時溢出。

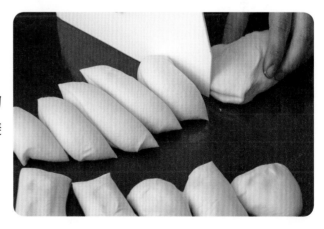

2 混合材料

除了奶油，其他材料（中種麵團、高筋麵粉、低筋麵粉、細糖、鹽、奶粉、碎冰）放入攪拌鋼盆中，慢速打約 1～2 分鐘後，轉中速打至 8 分筋。

Tips 使用的攪拌機不同，需要的時間也會不同，可用雙手拉開麵團，確認是否可拉出細緻薄膜。

3 確認狀態

用雙手拉開麵團，可拉出細緻薄膜，即為 8 分筋。

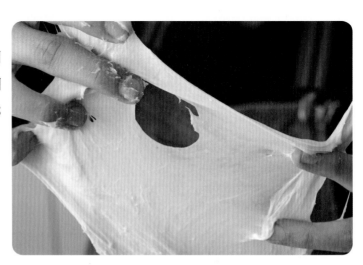

4 加入奶油

加入奶油，先用慢速將奶油與麵團攪拌至完全融合，完全看不到奶油後，再轉至中速攪拌。

5 確認狀態

用雙手拉開麵團，可以拉出薄膜，且破洞呈圓弧無鋸齒狀即可。麵團的最終溫度約 26 度。

Tips 最終溫度也會影響發酵的速度。如果溫度太高，發酵速度就會變快，麵包也會容易老化，要特別注意。

6 整圓

將麵團對折、整理、壓平，重複動作 3 ～ 4 次，將麵團整理成扁平狀。

⊃ 對折

⊃ 整理邊緣

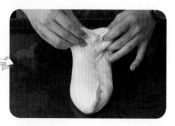
⊃ 換方向再對折

⊃ 整理邊緣

⊃ 整成橢圓形

⊃ 按壓扁平狀

7 靜置發酵

放入發酵箱，或加蓋濕布，置於室溫發酵約 20 分鐘，用手指戳入麵團，表面不太會回彈即代表發酵完成。

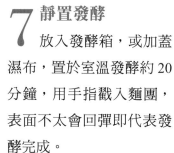

Tips 室溫發酵時間約 20 ～ 30 分鐘，依室內溫度不同，發酵時間也會跟著調整。夏天的發酵時間會比較短，冬天需要比較長時間發酵。

經典菠蘿麵包

　　菠蘿麵包應該是各大麵包店中的必備基本款式，也是許多人童年時最愛吃的一款經典麵包吧！還記得小時候吃菠蘿麵包時，都會把掉在袋子裡的菠蘿皮集中在袋子的角角，壓得緊緊的，再一口氣吃掉，一點都捨不得浪費呢！只要掌握菠蘿麵包的基本作法，就可以延伸製作其他口味的菠蘿麵包囉。

🌾 材料（6 個）

臺式麵包基礎主麵團……404g（作法請見 p.43）

蛋黃液……適量

【菠蘿皮】

無鹽發酵奶油……30g　　　　　　全蛋……20g

糖粉……30g　　　　　　　　　　高筋麵粉……60g

高筋麵粉（手粉）……適量

🌾 作法

Ⓐ 製作麵團

1 分割麵團

將主麵團分切成 60g 的小麵團。

2 滾圓

手指放鬆、手掌中間保持空心，將麵團在桌面滾圓，再將邊緣輕輕收合在底部。

Tips 見 p.24 影片示範。

3 中間發酵

將整圓好的小麵團放上烤盤並保持距離，放入發酵箱（溫度 30 度，濕度 75 度）發酵，或蓋上濕布（保鮮膜）在室溫靜置發酵 30 分鐘。

Ⓑ 製作菠蘿皮

4 混合糖粉與奶油

將過篩好的糖粉與室溫下的軟化奶油攪拌混合，攪拌至完全看不到糖粉、奶油變白。

Tips 攪拌時需不時整理鋼盆，將鋼盆內壁材料刮入，不讓奶油和粉材四濺。

⊃ 攪拌至奶油變白即可

5 加入蛋液

將全蛋蛋液分 3～4 次加入。每次加入時，需攪拌至完全看不見蛋液，才可再加入下一次。

6 加入麵粉

將攪拌好的奶油雞蛋糊取出，加入高筋麵粉，用手掌以反覆壓拌的方式，混合成團。

Tips 主麵團中間發酵後，才能進行拌粉，而且一拌完粉就要馬上使用，避免菠蘿皮越來越硬，包上麵包時就容易裂開。

7 搓成長條狀

撒上一點手粉，將菠蘿皮麵團搓成長條狀。

8 分切小塊

將菠蘿皮麵團分切成各 20g。

C 組合

9 按壓菠蘿皮麵團

將 20g 菠蘿皮麵團，沾上手粉輕輕壓扁。

10 組合麵團

將發酵好的主麵團壓扁，用底部那面壓上菠蘿皮。

11 整形

將菠蘿皮那面朝下（靠在掌心處），將主麵團底部收合，一邊轉動麵團一邊捏合，直到菠蘿皮包住整個麵團。捏成球狀。

12 壓模

將菠蘿麵包壓模沾上一些手粉,在菠蘿皮麵團上蓋出壓痕。

Tips 如果沒有壓模,也可以利用刮板或其他工具劃出線條。

13 最後發酵

將菠蘿麵團放於烤盤上,放入發酵箱(溫度30度,濕度75度)發酵,或蓋上濕布(保鮮膜)室溫發酵20～30分鐘後,在表面刷上蛋黃液,再繼續靜置發酵70分鐘。

Tips 發酵一會兒再刷上蛋黃液,因為蛋黃液比較濃稠,在發酵進行一半時提前刷上,比較不會破壞麵包的膨脹程度。

14 烘烤

烤箱預熱至上火210度,下火180度,烘烤13～15分鐘即完成。

完成!

菠蘿奶酥麵包

在菠蘿麵包裡面包入香甜可口的奶酥餡，就成了大人小孩都愛吃的菠蘿奶酥麵包。肚子餓的時候來一顆甜甜的菠蘿奶酥，不但能迅速填飽肚子，還能補充元氣，這就是美味奶酥的魔力吧！

材料（6 個）

臺式麵包基礎主麵團……404g（作法請見 p.43）

全蛋蛋液……適量　　　　　　　杏仁片……適量

【菠蘿皮】

無鹽發酵奶油……40g	全蛋……25g	高筋麵粉（手粉）
糖粉……40g	高筋麵粉……80g	……適量

【奶酥餡】

無鹽發酵奶油……57g	鹽……1g	玉米粉……10g
糖粉……34g	全蛋……20g	全脂奶粉……67g

【模具】

紙模（直徑約 8.5 公分）……6 個

🌾 作法

Ⓐ 製作麵團

請參考 p.47「經典菠蘿麵包」步驟 1 ～ 3。

Ⓑ 製作奶酥餡

1 混合糖粉與奶油

將過篩好的糖粉與室溫下的軟化奶油、鹽攪拌混合，攪拌至完全看不到粉材、奶油變白。

2 加入蛋液

將全蛋蛋液分 3 ～ 4 次加入。每次加入時，需攪拌至完全看不見蛋液，才可再加入下一次。

3 加入剩餘材料

加入玉米粉與全脂奶粉，攪拌均勻後即完成，放於室溫備用。

ⒸＣ 製作菠蘿皮

4

參考 p.49「經典菠蘿麵包」步驟 4 ～ 7。

5

將菠蘿皮麵團分切成各 30g。

Ⓓ 組合

6 按壓菠蘿皮麵團

將 30g 菠蘿皮麵團，沾
上手粉輕輕壓扁。

7 組合麵團

將發酵好的主麵團壓扁,用底部那面壓上菠蘿皮。

8 包入餡料

將菠蘿皮那面朝下(靠在掌心處),包入 30g 的奶酥餡。 **Tips** 見 p.25 影片示範。

 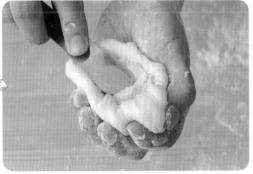

9 整圓

將主麵團底部收合,讓餡料完全被包覆,一邊轉動麵團一邊捏合,直到菠蘿皮包住整個麵團。

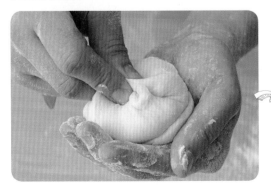 

10 最後發酵

將麵團一一放上紙模，放入發酵箱（溫度 30 度，濕度 75 度）發酵，或蓋上濕布（保鮮膜）室溫發酵 80 ～ 100 分鐘。

11 裝飾

在靜置後的菠蘿皮表面刷上全蛋蛋液、撒上杏仁片。

12 烘烤

烤箱預熱至上火 200 度，下火 180 度，烘烤 14 ～ 16 分鐘即完成。

完成！

菠蘿花生夾心麵包

　　菠蘿麵包從中切半，沾上微甜滑順的白奶油與香氣十足的花生粉，就可以做出兒時記憶中的好滋味。甜而不膩的白奶油跟爽口花生粉，襯托出菠蘿麵包的樸實美味。如果怕吃太甜，也可以自己調整奶油跟花生粉的分量，做出自己喜歡的口味喔！

 材料（5 個）

臺式麵包基礎主麵團……404g（作法請見 p.43）

全蛋蛋液……適量　　　　　　｜　花生粉……適量

【菠蘿皮】

無鹽發酵奶油……40g　　｜　全蛋……25g　　　　｜　高筋麵粉（手粉）

糖粉……40g　　　　　　｜　高筋麵粉……80g　　｜　……適量

【白奶油】

無鹽發酵奶油……225g　　｜　糖粉……35g　　｜　煉乳……25g

🌾 作法

Ⓐ 製作麵團

1 分割麵團

將主麵團分切成 80g 的小麵團。

2 滾圓 & 發酵

請參考 p.48 步驟 2 ～ 3 的作法。

....

Ⓑ 製作白奶油

3 打發奶油

糖粉過篩，加入室溫軟化奶油攪拌，打
至蓬鬆泛白。

 打發中要不時用刮刀整理鋼盆，避
免攪拌不均。

4 加入煉乳

加入煉乳攪拌均勻，打至奶油呈現柔順
的質地即可。

 白奶油要打得夠發（呈現白色），
才能擁有滑順口感。如不立即使用，
需冷藏保存。

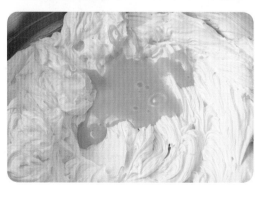

C 製作菠蘿皮

5

參考 p.49 步驟 4 ～ 7。

6

將菠蘿皮麵團分切成各 30g。

D 組合

7 按壓菠蘿皮麵團

將 30g 菠蘿皮麵團，沾上手粉輕輕壓扁。

8 組合麵團

將發酵好的主麵團壓扁，用底部那面壓
上菠蘿皮。

9 整圓

將主麵團底部收合，一邊轉動麵團一邊捏合，直到菠蘿皮包住整個麵團。

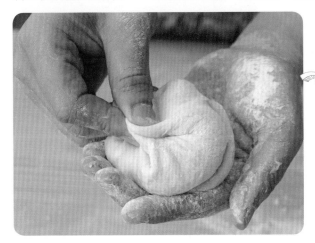

10 最後發酵

將麵團稍微滾長，放上烤盤，放入發酵箱（溫度 30 度，濕度 75 度）發酵，或蓋上濕布（保鮮膜）靜置發酵 20 ～ 30 分鐘後，在表面刷上蛋黃液，再繼續靜置發酵 70 分鐘。

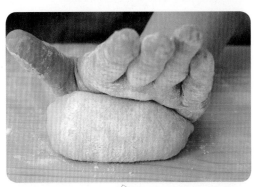

Tips 蛋黃液比較濃稠，在發酵進行一半時提前刷上，比較不會破壞麵包的膨脹程度。

11 烘烤

烤箱預熱至上火 200 度，下火 180 度，烘烤 16 ～ 18 分鐘。

E 填料＆裝飾

12 切半

烤好的菠蘿麵包稍微放涼，冷卻後從中間切下一刀（不要切斷）。

13 塗上白奶油

在麵包底部塗抹上白奶油後對折，再於山型側面也塗上白奶油。

14 沾花生粉

將白奶油處沾上花生粉即完成。

蔥花麵包

　　蔥花麵包可以說是最具代表性的臺式麵包，也是烘焙教室的必上經典課程。過去在傳統麵包店製作蔥花餡時，都是使用豬油製作，雖然美味，但熱量會比較高，因此食譜中改使用較為健康的無水奶油製作。軟 Q 麵包疊上滿滿蔥花餡，鹹香的滋味讓人忍不住想吃好幾個！

 材料（6 個）

臺式麵包基礎主麵團……404g（作法請見 p.43）
全蛋蛋液……適量

【青蔥餡】

青蔥……100g	鹽……5g	無水奶油……40g
細砂糖……6g	全蛋（退冰）……40g	高筋麵粉……10g

 作法

A 製作麵團

請參考 p.47 步驟 1 ～ 3 的作法。

B 橄欖型整形

1 整理成橢圓形

將發酵好的小麵團取出，先用手掌邊緣來回整理，讓麵團稍微變長，再輕輕按壓，將空氣壓出。

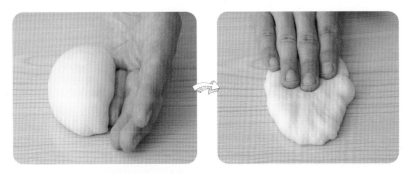

2 擀平

以擀麵棍將麵團擀平、擀長，靠身體的麵團稍微留厚一些，前面則是薄一點。

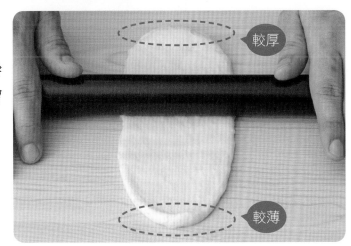

較厚

較薄

3 翻面

翻面，讓薄的一面靠近自己、厚的一面在前方。再將薄的一面用手指輕輕按壓壓扁、黏在檯面上。

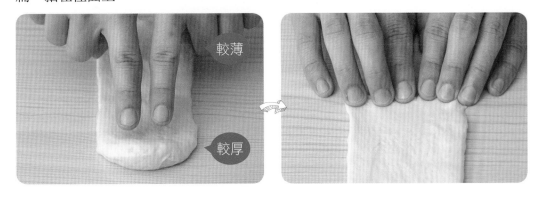

較薄

較厚

4 捲起

用三根手指頭，輕靠在麵團的兩側，從前端（麵團較厚的一端）往身體方向輕輕收入（大約三次）。

5 晃動整理

Tips 見 p.26 影片示範。

將手掌拱起並放鬆、掌心內保有空間，將麵團在掌心內來回晃動，讓麵團兩端形狀微尖、中間較胖。

6 最後發酵

將麵團放於烤盤上放入發酵箱（溫度 30 度，濕度 75度）發酵，或蓋上濕布（保鮮膜）室溫發酵 10 ～ 20分鐘後，將麵團稍微壓平，再用刀子在表面劃出一道切痕（約 1/3 深），再繼續發酵 40 分鐘，發酵至兩倍大左右即可。

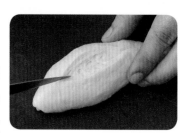

....

C 製作青蔥餡

7 混合青蔥

將切好的青蔥、糖、鹽拌勻，青蔥在抓拌中會出水。

8 加入蛋液

加入室溫的全蛋蛋液，攪拌均勻。

9 加入奶油

加入軟化的無水奶油攪拌均勻。

Tips 也可用橄欖油或其他油類代替。

10 加入麵粉

加入已過篩的高筋麵粉混合青蔥抓出的水分，攪拌均勻即可使用。

....

D 發酵＆烘烤

11 鋪上餡料

麵團表面刷上全蛋蛋液，鋪上 25 ～ 30g 的青蔥餡。

12 烘烤

烤箱預熱至上火 230 度，下火 220 度，烘烤 11 ～ 13 分鐘即完成。

肉鬆麵包

　　肉鬆麵包也是從小到大的熟悉滋味，不管到了幾歲都是肚子餓的第一選擇。作法也相當簡單，只要將出爐後香噴噴的麵包塗上沙拉醬，再沾上可口好吃的肉鬆，就能做出不輸童年記憶的好味道！也可以換成海苔肉鬆，增加不同口感喔！

🌾 材料（6 個）

臺式麵包基礎主麵團……404g（作法請見 p.43）

肉鬆……150g　　　　　　　│　沙拉醬……90g

🌾 作法

A 製作麵團

請參考 p.47 步驟 1 ～ 3 的作法。

B 橄欖型整形

請參考 p.67 步驟 5 ～ 9 的作法。

C 發酵 & 烘烤

1 最後發酵

將麵團放入發酵箱（溫度 30 度，濕度 75 度）發酵，或蓋上濕布（保鮮膜）室溫發酵 60 ～ 70 分鐘，發酵至 2 ～ 2.5 倍大小即可。

2 烘烤

烤箱預熱至上火 210 度，下火 190 度，
烘烤 8 ～ 10 分鐘。

3 鋪上餡料

烘烤出爐後的麵包放涼後，擠上沙拉
醬，以抹刀均勻抹開，再於表面沾上肉
鬆即完成。

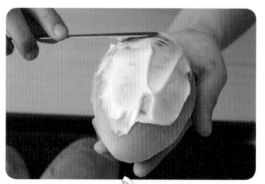

完成！

鹽三色麵包

這款鹽三色麵包，綜合高人氣的香甜玉米、可口火腿與新鮮蔥花等配料，搭上香軟好吃的臺式麵包麵團，可說是臺式麵包中的人氣王之一。不管是大口咬下還是撕成小塊慢慢吃，都有一番樂趣呢！

材料（5個）

臺式麵包基礎主麵團……404g（作法請見 p.43）

全蛋蛋液……適量	火腿片……半片 ×5	沙拉醬……少許

【青蔥餡】

青蔥……30g	鹽……2g	無水奶油……12g
細砂糖……3g	全蛋……12g	高筋麵粉……3g

【玉米餡】

玉米粒……40g	蛋黃液……4g	沙拉醬……8g

作法

A 製作麵團

1 分割麵團

將主麵團分切成 25g 的小麵團。

2 滾圓 & 發酵

請參考 p.47 步驟 2～3 的作法。

B 製作餡料

3 製作青蔥餡

請參考 p.68 步驟 7 ～ 10 的作法。

4 製作玉米餡

將玉米粒和沙拉醬、蛋黃液混合均勻即可。

C 發酵&烘烤

5 排列並發酵

將麵團以三個為一組在烤盤上排列好，再用剪刀於表面剪一道刀痕，放入發酵箱（溫度 30 度，濕度 75 度）發酵，或蓋上濕布（保鮮膜）放於室溫發酵 60 ～ 70 分鐘。

6 填餡並裝飾

將過篩好的全蛋蛋液先塗在麵團表面，再分別在三個小麵團放上餡料。一個放上火腿，並擠上沙拉醬；一個鋪上青蔥餡；一個鋪上玉米餡。

7 烘烤

烤箱預熱至上火 230 度，下火 220 度，烘烤 11 ～ 13 分鐘即完成。

芋泥麵包

　　臺式麵團包入甜而不膩的芋泥餡，再撒上杏仁片，一次可以吃到三種不同口感。看似複雜的葉片造型其實作法相當簡單，只要跟著步驟練習幾次就能輕鬆做出來喔！

材料（6 個）

臺式麵包基礎主麵團……404g（作法請見 p.43）

芋泥餡……180g　　　　　　　｜　杏仁片……少許

作法

Ⓐ 製作麵團

請參考 p.47 步驟 1 ～ 3 的作法。

ⓑ 整形包餡

1 壓平麵團

麵團底部捏起，捏起面朝下用手壓平，中間稍留厚度。

2 包入餡料

包入 30g 的芋泥餡，一邊轉動麵團一邊
捏合，直到麵團底部收合。

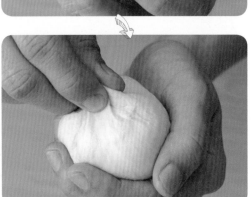

3 靜置鬆弛

將麵團放在烤盤上，稍微壓平，鬆弛
10 ～ 15 分鐘。

Tips 見 p.25 影片示範。

4 對折麵團

輕擀麵團，將麵團擀平。擀平後翻面，對折再對折，呈 1/4 圓。

Tips 擀平麵團時，力道需輕柔，避免將餡料壓出。

➲ 擀平

➲ 對折

➲ 再對折

5 切開一刀

在較長的一邊邊角預留大約一個大拇指寬，再用刮板切開一刀。

6 整成葉片狀

抓住兩層麵團翻開切面，就會變成葉片狀。

Tips 見 p.36 影片示範。

➾ 從中間切一刀

➾ 抓住切開的麵團兩端，向外扭轉翻開即完成整形

C 發酵&烘烤

7 最後發酵

將麵團蓋上濕布，於室溫進行發酵 60 ～ 70 分鐘，膨脹至 2 ～ 2.5 倍大。

8 裝飾

發酵後的麵團刷上全蛋液，撒上杏仁片裝飾。

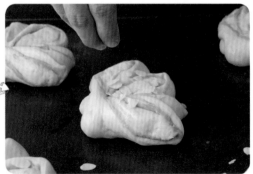

9 烘烤

烤箱預熱至上火 200 度，下火 230 度，烘烤 12 ～ 14 分鐘。

卡士達麵包

　　臺式麵包夾入濃濃卡士達醬，再擠上檸檬果醬，就成了香甜可口的卡士達麵包。製作卡士達醬時有一些需要留意的細節，但只要學會了就能運用在各種地方，還能用來製作泡芙或甜塔等其他的小點心喔！

🌾 材料（6 個）

臺式麵包基礎主麵團……404g（作法請見 p.43）

全蛋蛋液……適量 ｜ 檸檬果醬……適量

【卡士達醬】

牛奶……200g ｜ 低筋麵粉……10g

細砂糖……35g ｜ 玉米粉……10g

無鹽發酵奶油……30g ｜ 全蛋……1 個（約 50g）

🌾 作法

Ⓐ 製作卡士達醬

1 混合粉材與蛋液

將低筋麵粉、玉米粉過篩後，再將全蛋蛋液分兩次拌入，攪拌至看不見粉末即可。

2 加熱牛奶

將牛奶以直火加熱後，再加入糖攪拌至融化。需攪拌，避免燒焦。

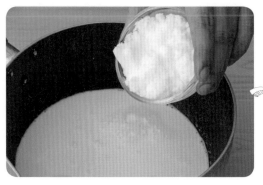 

3 混合奶油

加入奶油持續攪拌，並煮至滾。

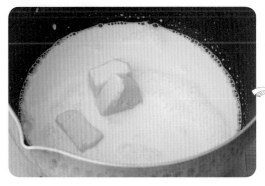 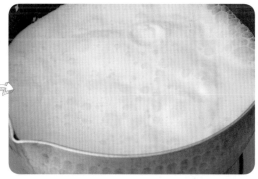

4 混合牛奶與麵糊

將牛奶鍋倒入步驟 1 的麵糊中，並繼續攪拌。

5 加熱攪拌

將鍋子移回爐火中，以小火持續加熱並攪拌至濃稠狀，可清楚畫出線條，即可關火。

Tips 攪拌的動作不能停下，避免燒焦。

6 冷藏備用

將完成的卡士達醬倒入盤中，蓋上保鮮膜冷藏備用。

Tips 用不完的卡士達醬可冷藏保存三天。

··

🅱 製作麵團

請參考 p.47 步驟 1 ～ 3 的作法。

🅲 包餡 & 烘烤

7 整形包餡

先將麵團底部捏起、壓平（中間稍留厚度），在麵團底部包入 35g 的卡士達醬，一邊轉動麵團一邊捏合，直到麵團底部收合。

Tips 靜置發酵後的麵團，需要先把底部捏起，後續包餡時，可避免從麵團上方擠出餡料；包完餡之後也要捏緊底部，避免餡料從底部溢出。

Tips 見 p.25 影片示範。

8 最後發酵

將包好卡士達醬的麵團放入發酵箱（溫度30度，濕度75度）發酵，或蓋上濕布（保鮮膜）於室溫進行發酵75分鐘，發酵至膨脹至2～2.5倍大。

9 烤前裝飾

在麵團表面刷上全蛋蛋液，再擠上檸檬果醬裝飾。

完成！

10 烘烤

烤箱預熱至上火190度，下火220度，烘烤13～15分鐘即完成。

草莓麵包

草莓麵包也是讓人回憶滿滿的好滋味，無論是用市售的草莓果醬或自己試著熬煮都很有意思，還能吃得更安心又健康。做成簡單的口袋形狀，還可以在麵包表面畫上喜歡的圖案，送給家人表達心意喔！

🌾 材料（6 個）

臺式麵包基礎主麵團……404g（作法請見 p.43）

全蛋蛋液……適量 ┊ 草莓果醬……適量

🌾 作法

Ⓐ 製作麵團

請參考 p.47 步驟 1 ～ 3 的作法。

B 整形

1 推成長條狀

將麵團底部捏起，再搓成長條狀。

2 擀平

麵團捏起的一面向下，稍微用手拍平，
直向擀長擀平。

3 鋪上果醬

將麵團翻面，鋪上 25g 的草莓醬。

4 對折包覆

鋪上草莓醬後從中間對折，將麵團上下捏緊，完成後麵團呈餃子型。

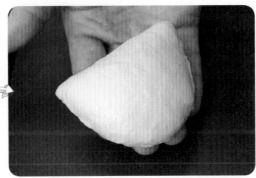

··

ⓒ 發酵 & 烘烤

5 最後發酵

將包好草莓醬的麵團放入發酵箱（溫度 30 度，濕度 75 度）發酵，或蓋上濕布（保鮮膜）於室溫進行發酵 75 分鐘，讓麵團膨脹至 2 ～ 2.5 倍大。

6 烤前裝飾

麵團表面刷上全蛋蛋液，擠上草莓果醬裝飾。

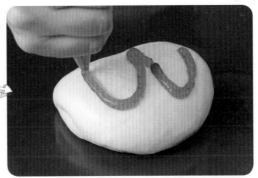

7 烘烤

烤箱預熱至上火 190 度，下火 220 度，烘烤 12 ～ 14 分鐘即完成。

經典墨西哥麵包

　　濃郁美味的墨西哥麵包，同時可以品嘗香甜墨西哥外皮跟奶酥內餡，因此也是麵包店的不敗人氣款。伴隨出爐時四溢的香氣，每次聞到都覺得食指大動！

材料（6個）

臺式麵包基礎主麵團……404g（作法請見 p.43）

奶酥餡……180g

【墨西哥醬】

無鹽發酵奶油……40g	全蛋……40g
糖粉……40g	低筋麵粉……48g

作法

Ⓐ 製作麵團

請參考 p.47 步驟 1 ～ 3 的作法。

Ⓑ 製作奶酥餡

請參考 p.55 步驟 1 ～ 3 的作法。

Ⓒ 製作墨西哥醬

1 混合攪拌

將無鹽奶油放於室溫退冰軟化，加入過篩的糖粉與低筋麵粉、全蛋，攪拌均勻。

2 填入塑膠袋

攪拌至看不見粉末、質地滑順，即可裝入塑膠袋內備用。使用時剪開小口擠出使用。

Ⓓ 整形＆烘烤

3 整形包餡

將麵團底部捏起、壓平，在麵團底部包入 30g 的奶酥餡，一邊轉動麵團一邊捏合，直到麵團底部收合。

⊃ 捏起底部　　　⊃ 壓平　　　⊃ 包餡　　　⊃ 旋轉包覆

4 最後發酵

將麵團入發酵箱（溫度 30 度，濕度 75
度）發酵，或蓋上濕布（保鮮膜）於室
溫進行發酵 60 ～ 70 分鐘，膨脹至 2 ～
2.5 倍大。

5 裝飾

在麵團表面擠上螺旋狀的
墨西哥醬。

‖ 完成！‖

6 烘烤

烤箱預熱至上火 210 度，下火 220 度，
烘烤 12 ～ 14 分鐘即完成。

炸彈麵包

外層包裹酥脆的菠蘿皮，麵團內包入葡萄乾奶酥餡，用炸彈模具烤出手榴彈般的特殊形狀，也是麵包店裡的秒殺品項喔！

在製作有包餡的菠蘿系列麵包時，一定要注意手勢和力道，千萬不能太用力把餡料向下壓，不然會非常容易爆餡。包餡之後，一邊轉動麵團一邊捏合時，也要盡量減少捏合次數，才不會讓餡料跑出來唷。

🌾 材料（6 個）

臺式麵包基礎主麵團……404g（作法請見 p.43）
菠蘿皮……30g（作法請見 p.49）

【奶酥餡】

無鹽發酵奶油……43g	全蛋……15g	葡萄乾……30g
糖粉……20g	奶粉……47g	
鹽……0.2g	玉米粉……6g	

【炸彈模具】

三能 SN9061……3 個

🌾 作法

Ⓐ 製作麵團

請參考 p.43 的作法。

Ⓑ 分割 & 發酵

1 分割麵團

將主麵團分切成 60g 的麵團。

2 滾圓 & 發酵

請參考 p.48 步驟 2 ～ 3 的作法。

Ⓒ 製作奶酥餡

3

參考 p.55 的作法，混合粉材與蛋液。

4

奶酥餡加入葡萄乾拌勻，放於室溫備用。

Ⓓ 包餡&烘烤

5 組合麵團&菠蘿皮

菠蘿皮麵團沾手粉輕輕壓扁，主麵團背面壓下菠蘿皮。

6 包入餡料

將菠蘿皮那面朝下（靠在掌心處），包入 25g 的奶酥餡。

Tips 見 p.25 影片示範。

7 整形

將主麵團底部收合，讓餡料完全被包覆，一邊轉動麵團一邊捏合，直到菠蘿皮包住整個麵團。

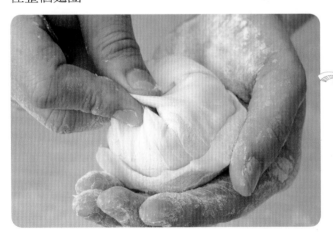 

8 最後發酵

麵團沾上手粉，用掌心輕輕搓成橢圓形，放入模型中蓋起。放入發酵箱（溫度 30 度，濕度 75 度）發酵，或蓋上濕布室溫發酵 60～70 分鐘，至膨脹至兩倍大。

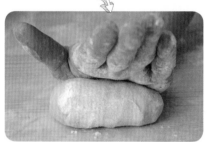

9 烘烤

模具放入烤箱，烤箱預熱至上火 250 度，下火 250 度，烘烤 18～22 分鐘即完成。

Tips 烤至 16 分左右時，可打開模具看麵包的烤色，如正面跟反面顏色深淺相差太多時，可把整個模具翻過來繼續烤。

‖ 完成！‖

螺仔胖

　　做成螺旋形狀的麵包，出爐後擠入白奶油，就成了可愛又好吃的螺仔胖。如果覺得白奶油口味太單調，也能替換成巧克力醬或其他風味的奶油，或者將葡萄乾改成巧克力米，有非常多的變化作法喔。

🌾 材料（6 個）

臺式麵包基礎主麵團……404g（作法請見 p.43）

白奶油……285g（作法請見 p.61）　　融化無鹽奶油……少許

葡萄乾……適量

【模具】

SN41616 鋁合金螺管

🌾 作法

Ⓐ 製作麵團

請參考 p.47 步驟 1 ～ 3 的作法。

B 整形

1 擀平麵團

將麵團往兩邊拉長，再用擀麵棍擀平。

2 整平麵團

將底部（靠近身體的一面）拉平，呈梯
形狀，再用手指按壓，使麵團黏貼在檯
面上。

3 捲起麵團

用手指從前端慢慢將麵團捲入。

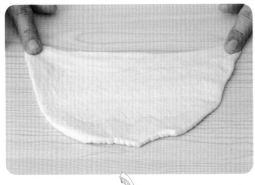 

 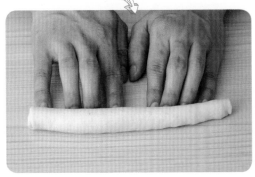

4 搓長麵團

一手按住麵團，一手輕輕搓揉麵團另一端，將麵團搓成一端尖、一端粗的形狀，靜置鬆弛 3 ～ 5 分鐘後，再搓長至約 43cm。

5 包覆模具

先將模具表面塗上奶油，再將麵團較細的一端先放上。一手持模具、一手抓住麵團尾端，將麵團繞在模具上。

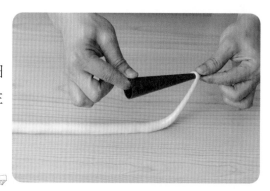

6 整形完成

收尾時，將尾端塞進麵團內側。接縫朝上，擺放在烤盤上。

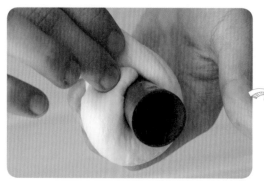 

7 最後發酵

將麵團放入發酵箱（溫度 30 度，濕度 75 度）發酵，或蓋上濕布（保鮮膜）於室溫進行發酵 60 ～ 70 分鐘，膨脹至 2 ～ 2.5 倍大。

ⓒ 烘烤 & 填餡

8 烘烤

烤箱預熱至上火 200 度，下火 210 度，烘烤 9 ～ 11 分鐘。

9 刷上奶油

出爐後立刻將模具取出，在表面刷上融化奶油。

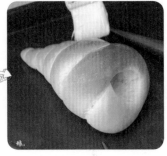

10 填入餡料

麵包放涼後，填入白奶油，再放上葡萄乾裝飾即可。

║ 完成！║

藍莓乳酪洛克麵包

　　洛克麵包是在麵團的外層加上洛克皮，吃起來相當豐富的一款麵包。藍莓果醬跟奶油乳酪混和成酸甜可口的內餡，鬆軟麵包跟洛克皮酥脆的口感，混合帕馬森起司粉的奶香。外層加上洛克皮不只能讓麵包更有層次，還可以做出漂亮又有趣的外型，快跟老師一起動手做看看吧！

🌾 材料（6個）

臺式麵包基礎主麵團……404g（作法請見 p.43）

全蛋蛋液……適量　　　　　　　　帕馬森起司粉……適量

【洛克皮】

臺式麵包基礎主麵團……60g　　　高筋麵粉……60g

無鹽發酵奶油……60g

【藍莓乳酪餡】

藍莓果醬……36g　　　　　　　　奶油乳酪……144g

【模具】

紙模（直徑約 8.5 公分）……6 個

🌾 作法

🄰 製作麵團

請參考 p.47 步驟 1 ～ 3 的作法。

🄱 製作洛克皮

1 混合材料

臺式主麵團分切成小塊，加入無鹽奶油、高筋麵粉拌勻，打至「三光」狀態。

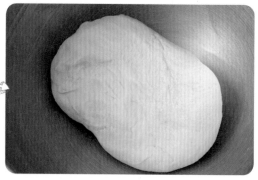

Tips 三光狀態指的是手光、盆光、麵團光，意思就是在手上與盆子裡都看不到麵粉
殘留。

2 鬆弛靜置

蓋上塑膠袋，放於室溫鬆弛
20 分鐘。

C 製作藍莓乳酪餡

3 混合材料

奶油乳酪按壓至軟，再加入藍莓果醬均勻混合。

Tips 如果奶油乳酪沒壓軟，餡料就無法均勻混合，所以一定要先壓軟。

D 整形包餡

4 壓平麵團

麵團底部捏起，捏起面朝下用手壓平，中間稍留一些厚度。

5 包入餡料

包入 30g 的藍莓乳酪餡，一邊轉動麵團一邊捏合，直到麵團底部收合。

Tips 見 p.25 影片示範。

6 擀平洛克皮

將洛克皮分成 30g 一份，沾手粉輕拍後
用擀麵棍擀平。

➲ 輕輕拍平洛克皮

➲ 用擀麵棍擀平

➲ 擀成可包住主麵團的大小

7 組合麵團

一手持洛克皮，放上包好餡的麵團，一邊轉動麵團一邊捏合，直到麵團底部收合。

➲ 用洛克皮包覆麵團

➲ 轉動讓底部收合

➲ 表面平整光滑

8 表面裝飾

洛克皮表面刷上全蛋蛋液，再沾上帕馬森起司粉，並於麵包表面劃上刀痕裝飾。

Tips 劃開洛克皮時，小心不要割到底下的麵包主麵團。

9 最後發酵

將組合完成的麵團放入發酵箱（溫度 30
度，濕度 75 度）發酵，或蓋上濕布（保
鮮膜）80 ～ 100 分鐘。

10 烘烤

烤箱預熱至上火 185 度，下火 220 度，
烘烤 12 ～ 14 分鐘即完成。

完成！

長頸鹿紅豆麵包

　　甜甜的紅豆餡加上 Q 軟麻糬製成的紅豆麵包，再包上洛克皮，口感瞬間變得不一樣。表層的洛克皮在發酵、烘烤之後，會裂開成像長頸鹿一樣的漂亮花紋，因此有了「長頸鹿麵包」的名字，是不是非常像呢？

材料（6 個）

臺式麵包基礎主麵團……404g（作法請見 p.43）

紅豆餡……180g

蛋黃液……適量

烤不爆麻糬……60g

【洛克皮】

臺式麵包基礎主麵團……60g

無鹽發酵奶油……60g

高筋麵粉……60g

【模具】

紙模（直徑約 8.5 公分）……6 個

作法

A 製作麵團

請參考 p.47 步驟 1 ～ 3 的作法。

B 製作洛克皮

請參考 p.106 步驟 1 ～ 2 作法。

C 整形包餡

1 壓平麵團

麵團底部捏起，捏起面朝下，再用手輕
輕壓平。

2 包入餡料

將麵團稍微壓平，包入 30g 的紅豆餡跟
一顆麻糬，一邊轉動麵團一邊捏合，直
到麵團底部收合。

Tips 見 p.25 影片示範。

3 擀平洛克皮

將洛克皮分成 30g 一份，沾手粉輕拍後用擀麵棍擀平。

➲ 輕輕拍平洛克皮　　➲ 用擀麵棍擀平　　➲ 擀成可完全包住主麵團
　　　　　　　　　　　　　　　　　　　的大小

4 組合麵團

一手持洛克皮，放上包好餡的麵團，一邊轉動麵團一邊捏合，直到麵團底部收合。

➥ 用洛克皮包覆麵團

➥ 轉動讓底部收合

➥ 表面平整光滑

5 表面裝飾

將整形完成的麵團放上鋪好烘焙紙的烤盤，在洛克皮表面刷上蛋黃液。

6 最後發酵

將組合完成的麵團放入發酵箱（溫度 30 度，濕度 75 度）發酵，或蓋上濕布（保鮮膜）80 ～ 100 分鐘，膨脹至 2 ～ 2.5 倍大。

....

D 裝飾 & 烘烤

7 烘烤

烤箱預熱至上火 200 度，下火 220 度，烘烤 12 ～ 14 分鐘即完成。

完成！

香濃起司條

　　撒上披薩乳酪絲烘烤出來的起司條，也是麵包店裡的人氣產品，帶著誘人的濃濃焗烤香氣，出爐的香氣真是讓人忍不住口水直流啊！

🌾 材料（6 個）

臺式麵包基礎主麵團……404g（作法請見 p.43）

【裝飾材料】

披薩乳酪絲……適量　　　　　　海苔粉……適量

沙拉醬……適量　　　　　　　　全蛋蛋液……適量

黑胡椒……適量　　　　　　　　無鹽發酵奶油……適量

🌾 作法

Ⓐ 製作麵團

請參考 p.47 步驟 1 ～ 3 的作法。

Ⓑ 整形

1 拉長

將麵團往左右拉開呈長條形，再輕輕用手壓平。

2 擀平

用擀麵棍擀平，擀好並翻面。

3 捲起麵團

將底部（靠近身體的一面）拉平，呈梯形狀，再用手指按壓，使麵團黏在檯面上。
再用手指從前端慢慢將麵團捲入。

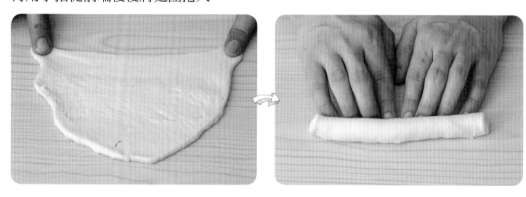

4 搓長

將整形好的麵團稍微靜置
鬆弛（約 3 分鐘），再搓
長至約 30 公分。

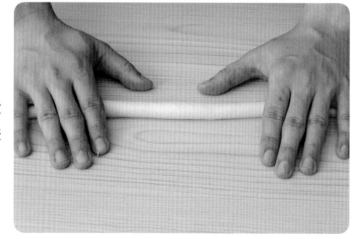

C 發酵 & 烘烤

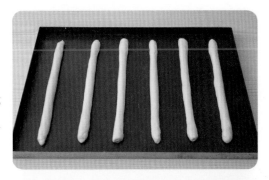

5 最後發酵

將麵團放入發酵箱（溫度 30 度，濕度 75 度）發酵，或蓋上濕布（保鮮膜）60 ～ 70 分鐘，膨脹至 2 ～ 2.5 倍大。

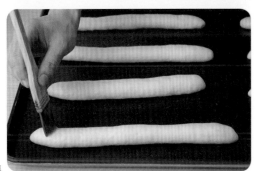

6 包覆模具

麵團表面刷上全蛋蛋液，撒上黑胡椒，擠上沙拉醬，鋪上披薩乳酪絲。

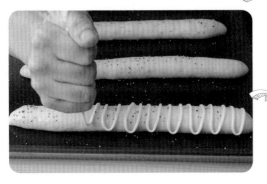

7 烘烤

烤箱預熱至上火 230 度，下火 210 度，烘烤 10 ～ 12 分鐘。出爐後在麵包表面刷上一層奶油，撒上海苔粉裝飾即完成。

‖ 完成！‖

臺式甜甜圈

　　黃昏時，在巷口的推車攤販買一顆炸成金黃色的甜甜圈，用紙袋捧著，享受柔軟麵團與細糖交織出的甜蜜滋味，是孩提時代最幸福的事了！其實，用臺式麵包主麵團就能做出跟記憶中不相上下的美味喔，一定要在剛起鍋時沾上滿滿的細砂糖再大口咬下，幸福的滋味就是這麼簡單。

🌾 材料（6個）

臺式麵包基礎主麵團……404g（作法請見 p.43）

細砂糖……適量　　　　　　　｜　沙拉油……一鍋

🌾 作法

Ⓐ 製作麵團

請參考 p.47 步驟 1 ～ 3 的作法。

Ⓑ 整形

1 拉長

將麵團往左右拉開呈長條形，再輕輕用手壓平。

2 擀平

用擀麵棍擀平，擀好並翻面。將底部（靠近身體的一面）拉平呈長方形，再用手指按壓，使麵團黏在檯面上。

3 捲成長條

用雙手從前端慢慢將麵團捲起成長條狀，再用手輕輕輕搓長。

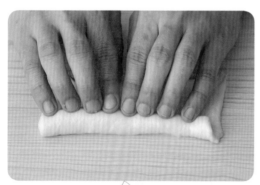

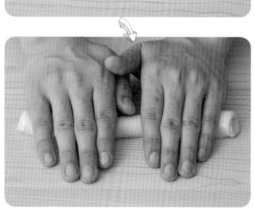

4 連接頭尾

將一端按壓呈扁平狀，再將另一端放在扁平狀這一端的上面。

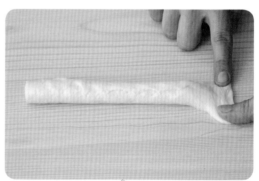

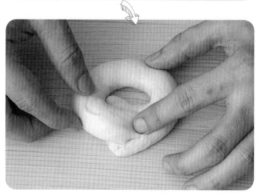

Tips 接合麵團時，要注意扁平端需保持朝上，不可任意扭轉。見 p.34 影片示範。

5 修飾圓形

將扁平端的麵團往中間包起捏合，仔細捏合至看不到兩端的接縫處即可。

Tips 可在烤盤上抹油，將甜甜圈正面朝上放置備用。

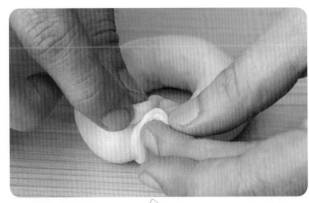

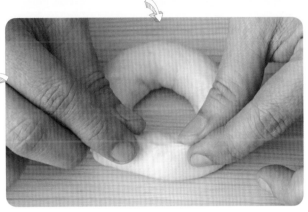

C 進行油炸

6 下鍋油炸

直火加熱沙拉油至 180 度，小心放入甜甜圈麵團進行油炸。大約每 30 秒翻一次面，炸到兩面都呈金黃色即可起鍋。

Tips 若家中沒有溫度計，可以在油鍋中插入竹籤或竹筷，如冒出細小泡泡即可下鍋。油炸中，可使用筷子或撈網進行翻面，小心不要濺出熱油。

7 起鍋

將甜甜圈撈起放在廚房紙巾上，吸掉多餘油分。

Tips 利用筷子從甜甜圈中間穿入再撈起，輕鬆又安全。

8 撒上砂糖

依照自己喜歡，沾上適量細砂糖即完成。

完成！

Part 3
人氣麵包

說起人氣麵包，大家心裡應該都有不同的候補名單吧！像是風靡一時的鹽可頌、咬勁十足的貝果、滿滿起司的鹹香麵包……這些都是麵包店剛出爐就會一搶而空的熱門選手。介甫老師便精選這些熱賣品項，想吃不再需要大排長龍，自己在家就能做出美味又安心的超人氣麵包喔！

製作湯種麵團

「湯種」對臺灣人來說想必是一點都不陌生，街坊的麵包店裡應該都有販賣「湯種麵包」，吃起來特別柔軟美味，可說是風靡一時的熱門品項。其實湯種就是用沸水煮過的麵種，用湯種法做出來的麵包，具有濕潤、柔軟的口感，並有著良好的保水性，即使放了一段時間，麵包依然能保有水分，吃起來有彈性。接下來的章節中，就收錄了許多使用湯種法製作的麵包，就讓我們先來看看湯種究竟該如何製作吧！

Step 1 製作湯種麵團

▶▶▶▶▶▶▶▶ 材料 ◀◀◀◀◀◀◀◀

高筋麵粉……50g　│　細糖……5g　│　煮沸水……50g

▶▶▶▶▶▶▶▶ 作法 ◀◀◀◀◀◀◀◀

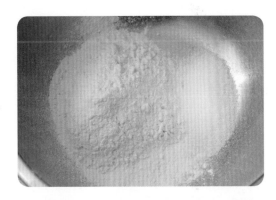

1 混合材料
將高筋麵粉與糖分別測量好，倒入鋼盆中混合。

2 沸水煮拌
將水煮沸後，關火，放入麵粉與糖，輕輕快速攪拌至成團。

3 完成
持續攪拌至麵團呈光滑狀即可。

Tips 製作好的湯種麵團可冷凍保存約一年，使用前再退冰軟化。使用湯種麵團時，等攪拌中的麵團成團再加入口感會更好。

雙倍起司麵包

　　起司麵包原本就是店裡的熱銷品項，但因為我實在太喜歡起司了，想要享受滿滿起司的口感，多次調整配方的成品，就是這款「雙倍起司麵包」。

　　柔軟的湯種麵團包裹濃郁乳酪丁，再撒上乳酪絲，享受雙重起司的風味。烤成金黃色澤的花式造型，不管是一口咬下，還是撕成一塊一塊放入嘴裡，都能享受美味和樂趣喔！

材料（4個）

【主麵團】

高筋麵粉……200g	乾酵母……2g	湯種麵團……20g
細糖……24g	冰水……90g	（作法請見 p.127）
鹽……4g	鮮奶……40g	無鹽發酵奶油……20g

【裝蒜餡】

乳酪丁……15g	披薩乳酪絲……適量	海苔粉……適量

作法

A 製作麵團

1 混合材料

將湯種、奶油以外的所有材料（高筋麵粉、細糖、鹽、乾酵母、冰水、鮮奶）放入攪拌鋼盆中，慢速拌勻。

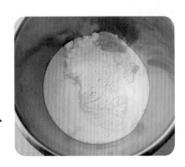

2 加入湯種

拌勻後加入湯種，中速打至可以拉出薄膜（約 8 分筋）。

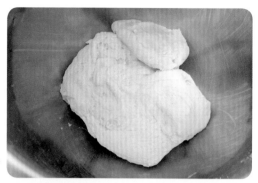

⊃ 可拉出薄膜的狀態

3 加入奶油

加入無鹽發酵奶油，慢速拌勻後轉中速，打至拉出的薄膜邊緣無鋸齒狀（約 9 分筋）。

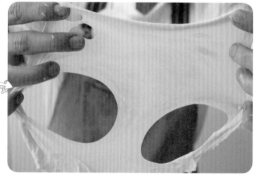

⊃ 拉出的薄膜邊緣無鋸齒狀

4 滾圓

將麵團整圓，放上烤盤稍
微拍平。

5 基本發酵

放入發酵箱（溫度 30 度，濕度 75 度）發酵，也可以蓋上濕布或保鮮膜放於室溫
發酵。發酵 40 分鐘後，將麵團先拍成長方形，以三等份折起。重新拍平後，再繼
續發酵 20 分鐘。

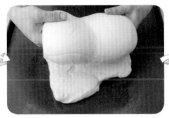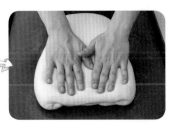

6 分割整圓

將麵團分成 60g 一份，滾圓後捏起麵團底部收合。

7 中間發酵

將整圓好的小麵團放上烤盤並保持距離，室溫靜置或放入發酵箱（溫度 30 度，濕
度 75 度）發酵 30 分鐘。

B 整形包餡

8 擀平麵團

將麵團稍微拉長、擀開後翻面,將靠近自己一側的麵團用手指壓平固定。

⊃ 拉長　　　　　　⊃ 擀平　　　　　　⊃ 翻面固定

9 包入餡料

放上乳酪丁,從前向後捲成長條,再用雙手將兩端搓尖。

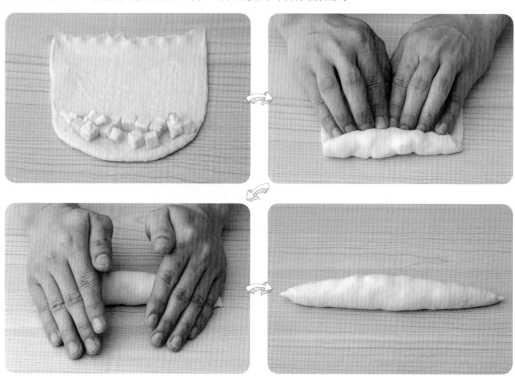

10 整形

將麵團沾上切碎的乳酪絲，用小刀輕輕切至一半高度，不要完全切斷，抓住兩端
彎成弧形。

◉ 烘烤

11 最後發酵

將包好的麵團放上烤盤，室溫靜置或放入發酵箱（溫度 34 ～ 36 度，濕度 75 度）
最後發酵 60 ～ 70 分鐘。

12 烘烤

烤箱預熱至上火 200 度，下火 200 度，烘烤 14 ～ 16 分鐘。出爐後在表面刷上奶油，撒上海苔粉裝飾即完成。

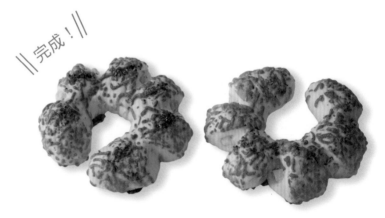

‖完成！‖

🥖 介甫老師的小教室

學會這款麵團，還可以做出 p.135 蒜香高鈣麵包、p.141 火焰燻雞麵包、p.145 交錯風味培根麵包等四種款式。

蒜香高鈣麵包

　　大蒜麵包也是我相當喜歡的一種麵包，不同於市面上比較常見的法式香蒜麵包，要烤得酥酥硬硬才好吃，這款蒜香高鈣麵包最大的特色就是有著柔軟口感，以及濃濃的蒜味奶油香，相當適合小朋友或老人家享用。只要聞到出爐的蒜香，無論何時總是讓人胃口大開！

🌾 材料（6 個）

【主麵團】

高筋麵粉……200g	乾酵母……2g	湯種麵團……20g
細糖……24g	冰水……90g	（作法請見 p.127）
鹽……4g	鮮奶……40g	無鹽發酵奶油……20g

【配料】

起司片……半片 ×6	帕馬森起司粉……適量	番茄醬……適量

【蒜味奶油醬】

無鹽發酵奶油……80g	新鮮巴西里葉……14g	糖……4g
蒜泥……18g	鹽……1g	

🌾 作法

Ⓐ 製作麵團

1 混合材料

請參考 p.129「雙倍起司麵包」步驟 1 ～ 5 的作法。

2 分割麵團

將麵團分成 80g 一份，滾
圓後捏起麵團底部收合。

3 中間發酵

將整圓好的小麵團放上烤盤並保持距離，室溫靜置或放入發酵箱（溫度 30 度，濕
度 75 度）發酵 40 分鐘。

....

Ⓑ 整形

4 擀平麵團

將麵團稍微拉長、擀開後翻面，將靠近自己一側的麵團用手指壓平固定。

⤷ 拉長　　　　　⤷ 擀平　　　　　⤷ 翻面固定

5 包入餡料

放上起司片，從前向後捲成長條，再將兩端搓尖。

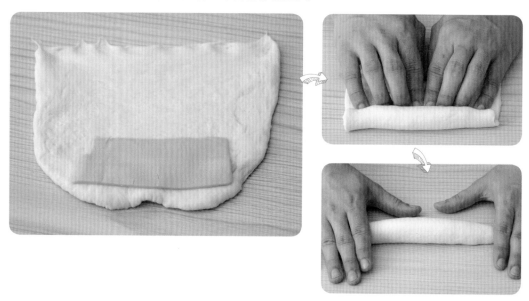

6 整形裝飾

在麵團表面噴上一點水，沾上帕馬森起司粉後，用小刀在表面淺淺畫出刻痕。

7 最後發酵

將麵團放上烤盤，室溫靜置或放入發酵箱（溫度 34~36 度，濕度 75 度）最後發酵 60 ～ 70 分鐘。

C 製作蒜味奶油醬

8 混合材料

巴西里葉打成泥，再將蒜味奶油醬的所有材料均勻混合。

 Tips　沒使用完的蒜醬可冷凍保存約 90 天，使用前退冰至軟化即可。

D 烘烤

9 烤前裝飾

將蒜味奶油與番茄醬裝進塑膠袋裡，剪一個小洞，在最後發酵完成的麵團上分別擠上蒜味奶油與番茄醬裝飾。

10 烘烤

烤箱預熱至上火 200 度，下火 200 度，烘烤 12 ～ 14 分鐘即完成。

火焰燻雞麵包

別看這款火焰燻雞麵包長得跟其他麵包很不一樣，其實整形手法意外簡單！不過，俗話說魔鬼藏在細節裡，在包餡造型時，還是要留意必須將邊邊角角都仔細封起，才不會讓餡料在烘烤期間衝出麵團，流得一塌糊塗喔。

材料（4個）

【主麵團】

高筋麵粉……200g	乾酵母……2g	湯種麵團……20g
細糖……24g	冰水……90g	（作法請見 p.127）
鹽……4g	鮮奶……40g	無鹽發酵奶油……20g

【配料】

辣味燻雞肉……30g×4	匈牙利紅椒粉……適量	海苔粉……適量
起司片……1 片 ×4	沙拉醬……適量	

作法

A 製作麵團

1 混合材料

請參考 p.129 步驟 1 ～ 5 的作法。

2 分割麵團

將麵團分成 100g 一份，滾
圓後捏起麵團底部收合。

3 中間發酵

將整圓好的小麵團放上烤盤並保持距離，室溫靜置或放入發酵箱（溫度 30 度，濕
度 75 度）發酵 30 分鐘。

....

B 整形包餡

4 擀平麵團

將麵團輕輕拍平，用擀麵棍擀開後翻面，以手指整成四邊形。

5 放入餡料

在麵團中間鋪上約 30g 辣味燻雞肉與一片起司片。

6 包餡

抓起四個角疊向麵團中間包起餡料，並用手指捏緊四個邊角，避免餡料溢出。

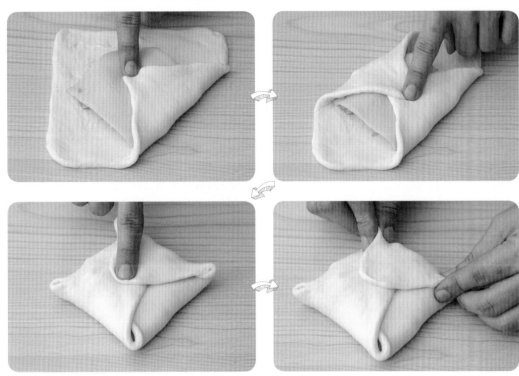

7 裝飾

麵團平整的一面沾上匈牙利紅椒粉，翻面後，再用小刀輕輕劃開十字裝飾。

Tips 劃刀裝飾時，動作必需輕柔，避免讓餡料溢出。

8 最後發酵

將麵團放上烤盤，室溫靜置或放入發酵箱（溫度 34 ～ 36 度，濕度 75 度）最後發酵 60 ～ 70 分鐘。

C 烘烤

9 烤前裝飾

沿著十字刀痕，擠上沙拉醬。

10 烘烤

烤箱預熱至上火 200 度，下火 200 度，烘烤 14 ～ 16 分鐘後，在中心撒上海苔粉裝飾即完成。

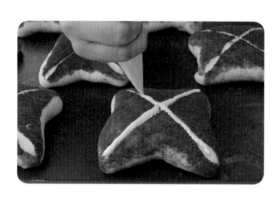

完成！

交錯風味培根麵包

　　烤得焦香的培根大概是跟麵包最對味的配料了！為了增加享用的樂趣，在這款交錯風味培根麵包當中，我們不只使用培根做扭轉造型，還在麵團當中揉入碎培根與黑胡椒，就是為了讓口感也能大大升級。再撒上披薩乳酪絲下去烘烤，真是讓人難以拒絕的好滋味呀！

 材料（4 個）

【主麵團】

高筋麵粉……200g	乾酵母……2g	湯種麵團……20g
細糖……24g	冰水……90g	（作法請見 p.127）
鹽……4g	鮮奶……40g	無鹽發酵奶油……20g

【配料】

| 培根……7 條 | 披薩乳酪絲……適量 | 黑胡椒……2g |
| 沙拉醬……適量 | 海苔粉……適量 | |

🌾 作法

Ⓐ 烘烤培根

1 烤培根

將大約 40g 培根放入烤箱，約以上火 180 度，下火 180 度，烤 10 分鐘，培根表面略脆即可。烤過的培根切成條狀備用。

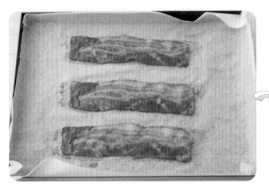 

Ⓑ 製作麵團

2 製作主麵團

請參考 p.129 步驟 1 ～ 3 的作法。

3 混合材料

打好的麵團中加入烤過的培根與黑胡椒，拌揉均勻。

4 整圓

將麵團整圓，放上烤盤稍微拍平。

5 基本發酵

放入發酵箱（溫度 30 度，濕度 75 度）
發酵，也可以蓋上濕布或保鮮膜放於室
溫發酵。發酵 40 分鐘後，將麵團先拍成
長方形，以三等份折起。重新拍平後，
再繼續發酵 20 分鐘。

➲ 從 1/3 處抓起一邊麵團向內折

➲ 折入另外 1/3

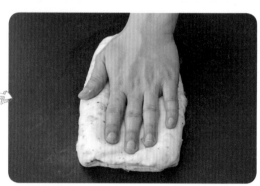

➲ 輕輕拍平

6 分割麵團

將麵團分成 50g 一份，滾
圓後捏起麵團底部收合。

7 中間發酵

將整圓好的小麵團放上烤盤並保持距離,室溫靜置或放入發酵箱(溫度 30 度,濕度 75 度)發酵 30 分鐘。

....

ⓒ 整形

8 擀平麵團

將麵團輕拉成長條形,用擀麵棍擀平。

9 搓長

將麵團翻面,在桌面固定麵團,從前向後捲成長條後,雙手將兩端搓尖,鬆弛 5 ～ 10 分鐘。

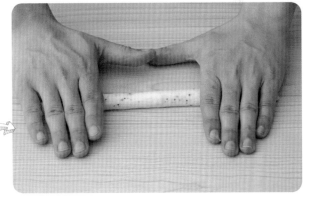

10 再次搓長

將鬆弛後的麵團搓成長條（約 32 公分）。用紙巾將培根表面多餘水分吸乾。

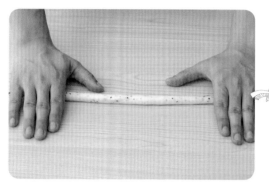 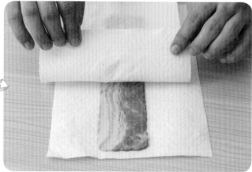

11 交錯組合

將培根放在兩根搓長的麵團交接處，以
交錯方式組合培根與麵團。

掀起

12 組合完成

將培根與麵團持續反覆交錯至尾端。

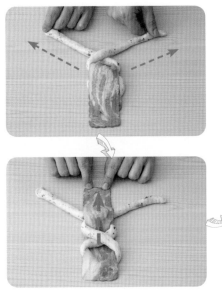

13 固定兩端

將培根反折，再將兩邊麵團捏
起固定。另一端也用同樣的方
式固定。

Tips 麵團在培根下方交叉，捏起尾端。

14 最後發酵

將包好的麵團放上烤盤，室溫靜置或放入發
酵箱（溫度 34 ～ 36 度，濕度 75 度）最後
發酵 60 ～ 70 分鐘。

D 烘烤

15 烤前裝飾

在麵包表面刷上全蛋液，擠上沙拉醬，撒上披薩乳酪絲。

16 烘烤

烤箱預熱至上火 220 度，下火 220 度，烘烤 14 ～ 16 分鐘。出爐後，撒上海苔粉即完成。

完成！

鹽可頌

　　說到麵包店的人氣品項，自然少不了這幾年的熱銷選手「鹽可頌」了。鹽可頌的調味單純，簡單的鹽味與麵團香氣相信也是許多人的心頭好。整形手法雖然有點小難度，但只要搞懂訣竅並多加練習，就算是新手也能做出胖胖又有層次的漂亮可頌喔！

🌾 材料（7 個）

【主麵團】

法國麵粉……200g　　乾酵母……2g　　湯種麵團……40g

糖……14g　　　　　冰水……120g　　（作法請見 p.127）

鹽……4g　　　　　無鹽發酵奶油……12g

【配料】

有鹽奶油……約 35g（一份 3 ～ 5g）　　黑鹽或鹽之花……少許

🌾 作法

Ⓐ 製作麵團

1 混合材料

將湯種、奶油以外的所有材料（法國麵粉、糖、鹽、乾酵母、冰水）放入攪拌鋼盆中，慢速拌勻。

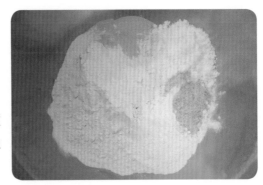

2 加入湯種

拌勻後加入湯種，中速打至可以拉出薄膜（約 6 ～ 7 分筋）。

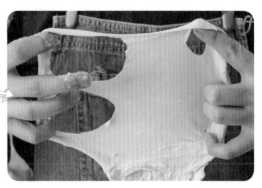

⊃ 可拉出薄膜的狀態

3 加入奶油

加入無鹽發酵奶油，慢速拌勻後轉中速，打至拉出的薄膜邊緣無鋸齒（約 9 分筋）。

⊃ 拉出的薄膜邊緣無鋸齒狀

4 整圓

將麵團折起整圓，放上烤盤稍微拍平。

5 基本發酵

放入發酵箱（溫度 30 度，濕度 75 度）發酵，也可以蓋上濕布或保鮮膜放於室 30 分鐘。

6 分割麵團

將麵團分成 50g 一份，滾圓後捏起麵團底部收合。

7 中間發酵

將整圓好的小麵團放上烤盤並保持距離，室溫靜置或放入發酵箱（溫度 30 度，濕度 75 度）30 分鐘後蓋上保鮮膜，移至冰箱冷藏 30 分鐘。

B 整形

8 捏起底部搓長

將麵團底部橫捏起呈長條形，在桌面搓成一端較粗的水滴狀，再用雙手將麵團搓得更細更長。

Tips 麵團底部會較濕黏，先捏起來搓長時才不會黏在桌面，見 p.28 影片示範。

9 擀長麵團

麵團接縫朝上，尖的一端朝身體直放。一手輕拉麵團尖端，用擀麵棍從中間往身體方向擀平。尖端擀平後，再從中間（下擀麵棍的起始位置）將整條麵團往前擀平。

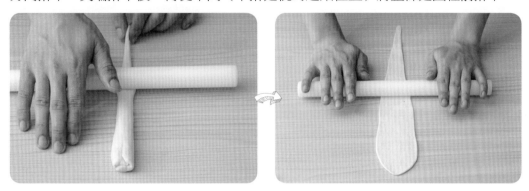

10 拉平固定

從寬的一端拉起擀平的麵團，輕輕向前拉緊，用手指將寬的一端在桌面壓平，此時麵團會推成細長的三角形。麵團寬的一端，放上切成條狀的有鹽奶油（約4公分，3～5公克）。

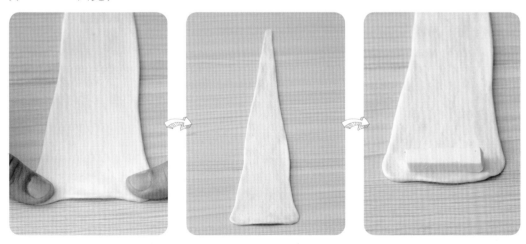

11 包入奶油

從放上奶油的一端，用食指跟拇指將麵團慢慢往身體方向捲起。

Tips 捲起麵團時，可以邊捲邊輕輕往前拉緊麵團，可頌的層次會更明顯。

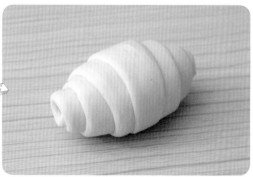

12 最後發酵

將捲好的麵團放上烤盤，室溫靜置或放入發酵箱（溫度 34 ～ 36 度，濕度 75 度）最後發酵 30 ～ 40 分鐘。

C 烘烤

13 烤前裝飾

可頌表面噴一點水，放上黑鹽。

14 烘烤

蒸氣烤箱預熱至上火 250 度，下火 230 度，滿蒸氣烤 10 ～ 12 分鐘即完成。

Tips 「滿蒸氣」指的是按著蒸氣鈕，直到蒸氣滿溢出烤箱的狀態。如果沒有蒸氣烤箱，也可用一般烤箱烘烤，烤前將可頌麵團的表面噴濕，即可維持香軟口感。

‖ 完成！‖

介甫老師的小教室

學會這款麵團，除了可以延伸做出不同口味的可頌，還可以做出 p.161 的貝果。

【變化款】鑽石可頌
鹽可頌的延伸變化型。將可頌沾上美美的鑽石冰糖，放入嘴裡時會先品嘗到甜蜜蜜的糖粒，咀嚼幾口之後，奶油與麵包香味便在口中融為一體。

經典原味貝果

　　充滿嚼勁的貝果和一般麵包在製程上最大的不同，就是要先用沸水燙過，再將麵團送入烤箱烘烤。貝果的整形手法與甜甜圈相同，在包裹麵團的時候需要仔細捏起，才不會烤出歪歪斜斜的貝果唷。

材料（4 顆）

【主麵團】

法國麵粉……200g	乾酵母……2g	湯種麵團……40g
糖……14g	冰水……120g	（作法請見 p.127）
鹽……4g	無鹽發酵奶油……12g	

【煮麵團水】

水……1000ml	糖……100g

作法

Ⓐ 製作麵團

請參考 p.153 步驟 1 ～ 5 的作法。

1 分割麵團

將麵團分成 80g 一份，滾圓後捏起麵團底部收合。

2 中間發酵

將整圓好的小麵團放上烤盤並保持距離，室溫靜置或放入發酵箱（溫度 30 度，濕度 75 度）發酵 30 分鐘後蓋上保鮮膜，移至冰箱冷藏 30 分鐘。

B 整形

請參考 p.34 的整形手法。

C 水煮&烘烤

3 最後發酵

將麵團放上烤盤，室溫靜置或放入發酵箱（溫度 34~36 度，濕度 75 度）最後發酵 15 ～ 20 分鐘。

4 水煮麵團

煮一鍋 1000ml 的水，水滾加入 100g 糖，煮沸（約 90 ～ 100 度）後放入麵團，將正反面各燙煮 30 秒，即可起鍋。

Tips 煮麵團時加入糖，可以幫助貝果在烘烤時上色。

5 烘烤

烤箱預熱至上火 220 度，下火 200 度，烘烤 15 ～ 18 分鐘即完成。

完成！

黑眼豆豆小餐包

這款黑眼豆豆麵包在小朋友之中可是人氣王喔！用黑碳可可粉調出漆黑的麵團，包裹濃密柔軟的榛果巧克力餡，口感豐富，讓人一吃就停不下來。馬上學習這款製程超簡單的巧克力麵包，擄獲孩子們的心吧！

材料（7個）

【主麵團】

高筋麵粉……160g　　　乾酵母……2g　　　熱水……12g

低筋麵粉……40g　　　全蛋……20g　　　黑碳可可粉……6g

上白糖……32g　　　動物鮮奶油……20g　　　無鹽發酵奶油……20g

鹽……3g　　　冰水……84g

【榛果巧克力餡】

榛果巧克力……55g　　　水滴巧克力……55g

🌾 作法

Ⓐ 製作麵團

1 混合材料

黑碳可可粉溶於 70℃以上熱水，稍放冷卻。在攪拌鋼盆內加入無鹽發酵奶油以外的所有材料（麵粉、糖、鹽、乾酵母、全蛋、鮮奶油、冰水、溶於熱水的黑碳可可粉），慢速拌勻後轉中速打至 8 分筋。

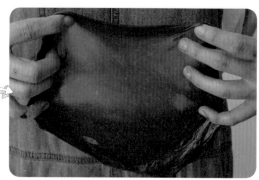

⤷ 可拉出薄膜的狀態

2 加入奶油

加入無鹽發酵奶油，慢速拌勻後打至完全擴展。

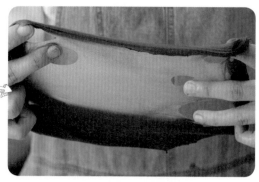

⤷ 拉出的薄膜邊緣無鋸齒狀

3 整圓

將麵團整圓，放上烤盤稍微拍平。

 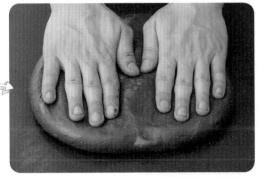

4 基本發酵

放入發酵箱（溫度 34 度，濕度 75 ～ 80 度）發酵，也可以蓋上濕布或保鮮膜放於室 50 分鐘。

5 分割麵團

將麵團分成 50g 一份，滾圓後捏起麵團底部收合。

6 中間發酵

將整圓好的小麵團放上烤盤並保持距離，室溫靜置或放入發酵箱（溫度 30 度，濕度 75 ～ 80 度）發酵 40 分鐘。

🅑 製作餡料

7 混合材料

將榛果巧克力醬與水滴巧克力均勻混和即可。

🅒 整形包餡

8 拍平麵團

捏起麵團底部後，用手指輕拍平，中間比四周稍厚一些。

9 包入餡料

包入 10 ～ 15 克的榛果巧克力餡，捏起底部收合。

10 最後發酵

將包好的麵團放上烤盤，室溫靜置或放入發酵箱（溫度 34 ～ 36 度，濕度 75 ～ 80 度）最後發酵 50 ～ 60 分鐘。

11 烘烤

在麵團表面刷上全蛋液，將烤箱預熱至上火 190 度，下火 210 度，烘烤 10 ～ 12 分鐘即完成。

\|| 完成！\||

黑糖 QQ 麵包

　　這款黑糖ＱＱ麵包，在黑糖湯種麵團當中包入特製黑糖牛奶餡，再包入和麻糬一樣軟Ｑ的粿加蕉，多種甜蜜口感一次滿足。整形時要注意，捲起麵團的手勢力道必需均衡，才能做出漂亮的紋路。

材料（4個）

【主麵團】

法國麵粉……350g	乾酵母……4g	湯種麵團……35g
黑糖……35g	冰水……228g	（作法請見 p.127）
鹽……4g	無鹽發酵奶油……35g	

【黑糖牛奶餡】

黑糖……24g	奶水……18g
無鹽發酵奶油……45g	奶粉……36g

【其他配料】

黑糖粿加蕉……30g	裸麥粉……適量

🌾 作法

Ⓐ 製作麵團

1 混合材料

將湯種、奶油以外的所有材料（法國麵粉、黑糖、
鹽、乾酵母、冰水）放入攪拌鋼盆中，慢速拌勻。

2 加入湯種

拌勻後加入湯種，中速打至可以拉出薄膜（約 6 ～ 7 分筋）

 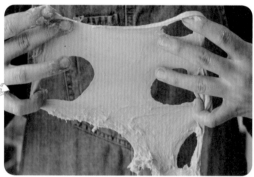

➲ 可拉出薄膜的狀態

3 加入奶油

加入無鹽發酵奶油，慢速拌勻後轉中速，打至拉出的薄膜邊緣無鋸齒（約 9 分
筋）。

➲ 拉出的薄膜邊緣無鋸齒狀

4 整圓

將麵團整圓，放上烤盤稍
微拍平。

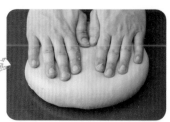

5 基本發酵

放入發酵箱（溫度 30 度，濕度 75 度）發酵，也可以蓋上濕布或保鮮膜放於室溫。
發酵 40 分鐘後，將麵團先拍成長方形，以三等份折起。重新拍平後，再繼續發酵
20 分鐘。

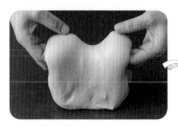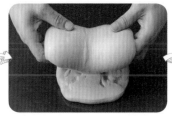

6 分割麵團

將麵團分成 150g 一份，滾圓後捏起麵團底部收合。

7 中間發酵

將整圓好的小麵團放上烤盤並保持距離，室溫靜置或放入發酵箱（溫度 30 度，濕
度 75 度）發酵 40 分鐘。

Ⓑ 製作黑糖牛奶餡

8 攪拌混和

將黑糖牛奶餡的所有材料放入攪拌鋼盆中，拌勻備用。

Ⓒ 整形包餡

9 麵團擀平

將麵團稍微拉長成橢圓後，用手輕輕拍平。

10 擀平

麵團用擀麵棍擀平、翻面，用手指推成四邊形，固定麵團底部。

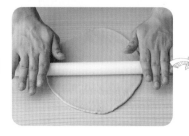

11 包入餡料

沿著麵團邊緣鋪上黑糖牛奶餡與黑糖粿加蕉後，將麵團底部用小刀等距劃開。

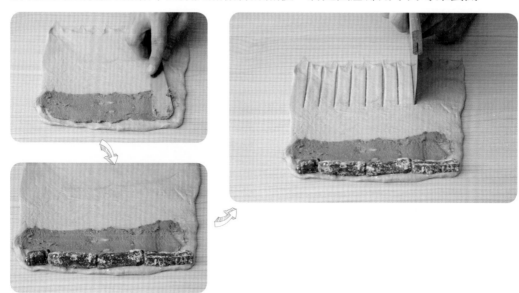

12 捲起麵團

用雙手將麵團從鋪有餡料那端輕輕捲起，捲到底後固定接縫，抓住麵團兩端彎成圓弧形。

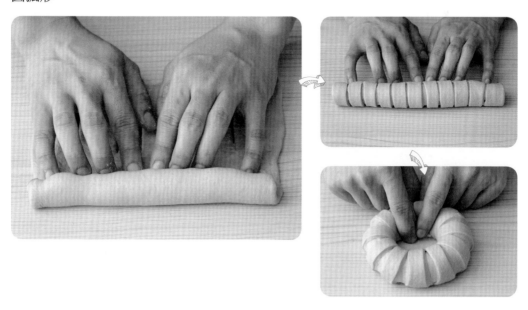

13 最後發酵

將麵團放上烤盤，室溫靜置或放入發酵箱（溫度 34 ～ 36 度，濕度 75 度）最後發酵 60 分鐘。

. . . .

D 烘烤

14 烤前裝飾

麵團表面灑上裸麥粉裝飾。

15 烘烤

烤箱預熱至上火 220 度，下火 200 度，烘烤 12 ～ 16 分鐘即可。

‖ 完成！‖

脆皮小泡芙

小泡芙絕對是我在麵包店裡的必買甜點之一，一口咬下就能嘗到酥脆的泡芙殼和濃郁卡士達餡，可以說是最棒的組合。這種脆皮小泡芙的作法一點也不難，假日和孩子一起做看看吧！抓著孩子的小手一起擠麵糊、填泡芙餡，絕對會是難忘的記憶！

材料（14 ～ 18 個）

【泡芙麵糊】

水……45g	無鹽發酵奶油……12g	全蛋……110g
沙拉油……45g	低筋麵粉……57g	

【脆皮泡芙皮】

無鹽發酵奶油……42g	糖粉……20g	低筋麵粉……42g
糖……20g	杏仁粉……38g	全蛋……9g

【卡士達餡】

鮮奶……200g	無鹽發酵奶油……30g	玉米粉……10g
糖……35g	低筋麵粉……10g	全蛋……1 個（約 50g）

【工具】

圓形花嘴（型號不限）……1 個

🌾 作法

Ⓐ 製作卡士達餡

請見 p.81 的作法。

....

Ⓑ 製作泡芙麵糊

1 奶油加熱

盆內倒入沙拉油、奶油、水煮沸。

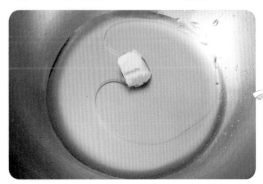

2 加入麵粉

入過篩後的低筋麵粉，迅速攪拌均勻後關火。

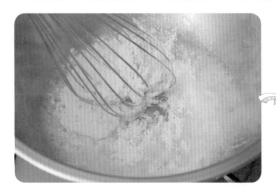

3 加入全蛋

稍微放涼後，分三次加入全蛋，打成糊狀。

Tips 每次加入蛋液後，要攪拌至完全均勻再繼續加入蛋液。

4 擠出成形

麵糊裝進擠花袋或塑膠袋中，裝上直徑
1cm 的圓形擠花嘴，在烤盤上擠出直徑 3
公分的圓形麵糊。

....

C 製作脆皮泡芙皮

5 混合材料

糖粉、低筋麵粉過篩，加入所有材料後，用手捏拌均勻。

6 冷凍備用

將麵團搓成條狀，裝袋後放入冰箱冷凍至變硬。

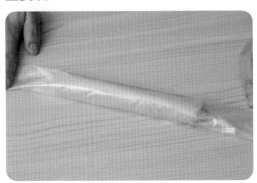

7 切成片狀

脆皮泡芙皮切成 0.1 ～ 0.2 公分厚。

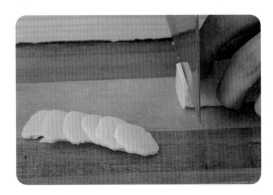

D 烘烤

8 烘烤

將脆皮泡芙皮輕輕放在泡芙麵糊上，放入以上火 180 度、下火 180 度預熱好的烤箱，烘烤 20 ～ 25 分鐘後，以上火 160 度、下火 180 度繼續烘烤 15 ～ 20 分鐘。

Tips 烘烤的前 20 分鐘請勿打開烤箱，避免泡芙無法在烘烤中順利膨起。

9 擠入餡料

利用花嘴將泡芙底部輕輕挖開，擠入卡士達餡即完成。

∥ 完成！∥

也可以將小泡芙分切成兩半，再擠入餡料，製作出不同變化的可愛小泡芙。

Part 4
香軟吐司

吐司向來是臺灣人相當喜愛的早餐良伴，也是麵包店裡的基本款品項。無論是包裹起司火腿的鹹味吐司，或是加入蜜紅豆、奶酥餡等配料的甜味吐司，切片吃或撕開來吃都富有滿足感！雖說是基本款，在製作吐司的時候仍有一些眉角。要怎麼做出紋路整齊漂亮，又蓬鬆美味的吐司呢，趕快跟著老師做做看吧！

煉乳生吐司

生吐司的特色就是柔軟好入口，據說一開始是為了做給牙口不好的長輩或小朋友食用而開發，沒想到因為柔軟口感，加上奶香味十足的特色深受消費者喜愛，一路從日本紅到臺灣。

不過生吐司跟一般常見的吐司到底有什麼不同，又要怎麼調整配方，才能做出生吐司獨特 的鬆軟溼潤、綿密口感呢？其實關鍵就在於材料中添加的鮮奶油，並且掌握烘烤時間。對口味更講究一些，就可以選用更好的材料製作，讓吐司的滋味也能大大升級！

材料（2 條）

【隔夜中種麵團】（※ 前一晚先做好）

高筋麵粉……250g	高糖乾酵母……1g	奶粉……20g
上白糖……10g	常溫水……150g	

【主麵團】

隔夜中種麵團……431g	鹽……9g	冰牛奶……175g
高筋麵粉……250g	煉乳……40g	動物鮮奶油……50g
上白糖……40g	高糖乾酵母……5g	無鹽發酵奶油……50g

【模具】

「三能模具」吐司模（SN2052）……2 個

🌾 作法

Ⓐ 製作隔夜中種麵團

1 混合材料

高糖乾酵母以常溫水溶解。於鋼盆中加入酵母水、高筋麵粉、上白糖、奶粉，慢速打 2 分鐘，轉中速打 4 ～ 5 分鐘後，放於室溫發酵 60 ～ 90 分鐘。

Tips 隔夜中種完成後，至少需冷藏 12 小時才可使用。

Ⓑ 製作主麵團

2 混合材料

將隔夜中種分切成小塊，將奶油以外的材料（高筋麵粉、上白糖、鹽、煉乳、高糖乾酵母、冰牛奶、動物鮮奶油）放入鋼盆中，以慢速拌勻，再轉至中速打至 8 分筋（可拉出薄膜的狀態）。

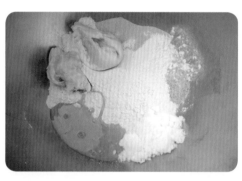

⊃ 可拉出薄膜的狀態

3 加入奶油

加入發酵奶油，慢速拌勻後，中速打至完全擴展（拉出的薄膜邊緣沒有鋸齒）。

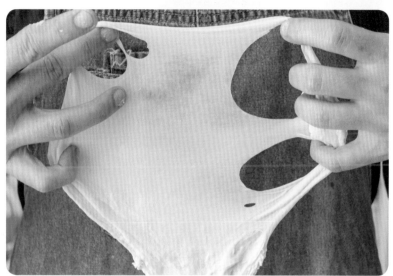

 薄膜邊緣沒有
鋸齒

4 整形

將麵團分成三等份，進行折疊、壓平的動作。

 從中間拉起，兩端往下   推整成圓形   輕輕拍平
折成 1/3 大小

5 基本發酵

將麵團放入發酵箱（溫度 30 ～ 32 度，濕度 75 度）發酵，或覆蓋上濕布（保鮮膜），放於室溫發酵。發酵 20 分鐘後，將麵團重新以三等份折起、拍平，繼續發酵 10 分鐘。

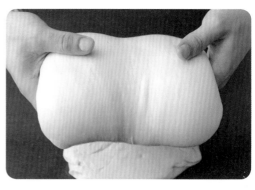

➲ 從麵團中間拉起，麵團前端跟後端分別折進下方

➲ 折成 1/3 面積

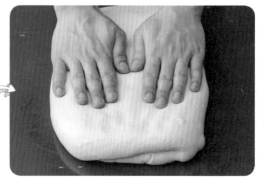

➲ 重新將麵團拍平

6 分割麵團

將麵團分成 160g 一份（一條吐司會用到三份），搓圓後捏起麵團底部收合。

7 中間發酵

放入發酵箱（溫度 30 ～ 32 度，濕度 75 度）發酵 30 分鐘。

8 擀平麵團

麵團用手稍微壓扁，再用擀麵棍擀長。

● 壓扁

● 擀長

9 捲起麵團

麵團擀平後翻面，將底部（靠近身體的一面）用手指按壓，使麵團黏在檯面上，再用手指從前端慢慢將麵團捲入。擀捲完成後，再發酵 15 ～ 20 分鐘。

● 翻面固定底部

● 捲起

10 壓平擀長

將發酵的麵團壓平,再次擀長。

➲ 用手拍平   ➲ 擀長

11 捲起麵團

麵團擀平後翻面,將底部(靠近身體的一面)用手指按壓,使麵團黏在檯面上,再用手指從前端慢慢將麵團捲入。

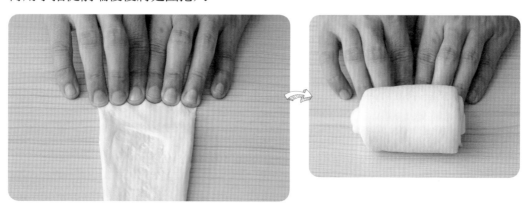

12 放入吐司模

將三卷麵團並排放入吐司模中。

E 發酵 & 烘烤

13 最後發酵

放於室溫或發酵箱（溫度 34 ～ 36 度，濕度 75 度）發酵 60 分鐘，待麵團發到約 7.5 分模高度（約離模具上緣 3 ～ 3.5cm）。

14 烘烤

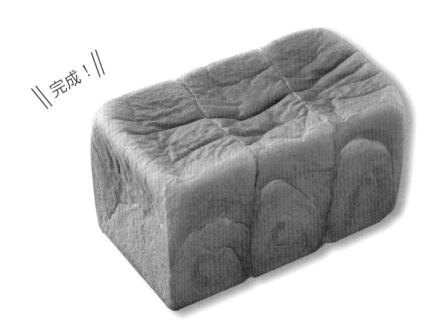

烤箱預熱至上火 220 度，下火 225 度，將吐司模蓋上蓋子，烘烤 30 ～ 36 分鐘即完成。

Tips 出爐後要盡速脫模避免吐司坍塌。

‖ 完成！‖

北海道紅豆牛奶吐司

　　紅豆又叫相思豆，用糖蜜熬煮的蜜紅豆不僅吃了甜在嘴裡，用滿滿的愛製作的紅豆吐司也能讓你甜在心裡。不只在添加北海道鮮奶霜的牛奶吐司麵團中揉入蜜紅豆，再包入滿滿的紅豆餡，無論是自己享用或與家人分享，都能大口品嘗幸福的滋味！

 **材料**（4 條）

【隔夜中種麵團】（※ 前一晚先做好）

| 高筋麵粉……350g | 水……175g | 乾酵母……1g |
| 上白糖……10g | 全蛋……75g | |

【主麵團】

隔夜中種麵團……611g	鹽……6g	冰水……50g
高筋麵粉……150g	乾酵母……5g	蜜紅豆……25g
上白糖……60g	北海道鮮奶霜……75g	無鹽發酵奶油……40g

【酥菠蘿】

| 無鹽發酵奶油……30 | 糖粉……25 | 低筋麵粉……50 |

【內餡】

| 蜜紅豆 ……180 克 | 全蛋液……適量（刷於表面） |

【模具】

「三能模具」吐司模（SN2151）……4 個

🌾 作法

Ⓐ 製作隔夜中種麵團

1 混合材料

乾酵母以常溫水水解。於鋼盆中加入酵母水、高筋麵粉、上白糖、全蛋，慢速打 2 分鐘，轉中速打 4 ～ 5 分鐘後，放於室溫發酵 60 ～ 90 分鐘。

Tips 隔夜中種完成後，必需至少冷藏 12 小時才可使用。

Ⓑ 製作主麵團

2 混合材料

將隔夜中種麵團分切成小塊，將奶油、蜜紅豆以外的材料（高筋麵粉、上白糖、鹽、煉乳、乾酵母、北海道鮮奶霜、冰水等）放入鋼盆中，以慢速拌勻，再轉至中速打至 8 分筋（可拉出薄膜的狀態）。

⮕ 可拉出薄膜的狀態

3 加入奶油與蜜紅豆

加入奶油、蜜紅豆，慢速拌勻後，中速打至完全擴展（拉出的薄膜邊緣沒有鋸齒）。

4 折疊整圓

將麵團折成三折，輕輕整成圓形，放上
烤盤稍微拍扁。

 ➲ 折成三折

➲ 整成圓形

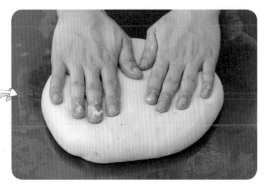

➲ 拍扁

5 基本發酵

將麵團放入發酵箱（溫度 30～32 度，濕度 75 度）發酵，或覆蓋上濕布（保鮮膜），放於室溫發酵。發酵 20 分鐘後，將麵團重新以三等份折起、拍平，繼續發酵 10 分鐘。

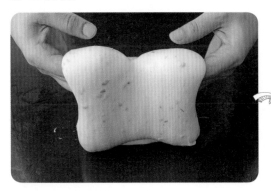

6 分割麵團

將麵團分成 85g 一份，搓圓後捏起麵團底部收合。

7 中間發酵

將分割後的麵團放入發酵箱（溫度 30 ～ 32 度，濕度 75 度）發酵，或覆蓋上濕布（保鮮膜）放於室溫，發酵 30 分鐘。

Ⓒ 製作酥菠蘿

8 混合材料

將酥菠蘿的所有材料抓拌均勻，冷凍備用。

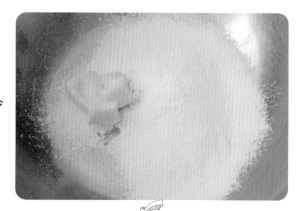

D 包餡整形

9 擀平麵團

將麵團稍微拉長、擀開後翻面,將靠近自己一側的麵團用手指壓平固定。

➲ 拉開　　　　　　　➲ 擀平　　　　　　　➲ 翻面固定

10 包餡捲起

麵團邊緣放上蜜紅豆,再輕輕向內捲起。捲成條後,再把兩端搓得更尖。

➲ 放上蜜紅豆　　　　➲ 捲起　　　　　　➲ 兩端搓尖

11 三股辮整形

請參考 p.31 的整形方式,將麵團整
成三股辮造形。

E 烘烤

12 最後發酵

完成的麵團放入吐司模中，室溫或
發酵箱（溫度 34 ～ 36 度，濕度 75
度）發酵 60 ～ 70 分鐘（約 8 ～ 8.5
分模高度）。

13 烤前裝飾

表面刷上全蛋液，撒上酥菠蘿。

14 烘烤

烤箱預熱至上火 150 度，
下火 240 度，烘烤 27 ～
32 分鐘即完成。

‖完成！‖

巧克力星空吐司

　　巧克力吐司也是深受小朋友喜愛的一款吐司，以黑炭可可粉調色做出的黑色巧克力吐司，撒上白色珍珠糖，就有如夜空中的明亮星星一樣可愛。身處都市的我們有多久沒看到夜晚的星星了呢？就讓我們一起動動手，做出屬於自己的閃亮星空吧！

材料（4 條）

【中種麵團】

高筋麵粉……350g	乾酵母……5g	水……170g
細糖……10g	全蛋……50g	

【麵團】

中種麵團……585g	黑炭可可粉……15g	奶粉……15g
高筋麵粉……100g	細糖……100g	碎冰水……100g
低筋麵粉……50g	鹽……6g	無鹽發酵奶油……50g

【內餡與裝飾】

水滴巧克力……45g×2	珍珠糖（2 號或 3 號）……適量

【模具】

「三能模具」吐司模（SN2151）……4 個

Ⓐ 製作中種麵團

1 混合材料

乾酵母加水溶解,將所有「中種麵團」材料加
入鋼盆,慢速攪拌 2 分鐘,轉至中速攪拌 4 ～ 5
分鐘後。

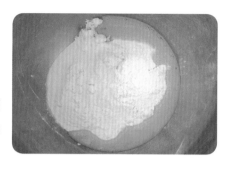

Tips 慢速攪拌後,用塑膠刮刀刮下沾黏在鋼盆內壁的麵糊,整理後再繼續。

2 整圓發酵

室溫發酵 60 ～ 90 分鐘,手指戳下
不輕易回彈即可使用。

Ⓑ 製作主麵團

3 混合材料

將中種麵團分切成小塊,將發酵奶油以外的材料(高筋麵粉、低筋麵粉、黑炭可
可粉、細砂糖、鹽、奶粉、碎冰水)放入鋼盆中,以慢速拌勻,再轉至中速打至 8
分筋(可拉出薄膜的狀態)。

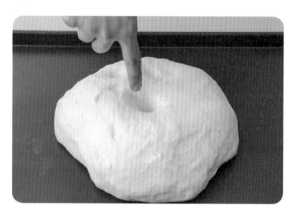
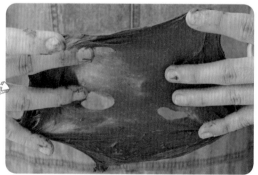

⊃ 可拉出薄膜的狀態

4 加入奶油

轉中速打至 8 分筋（可拉出薄膜），即可加入發酵奶油。慢速拌勻後，中速打至麵團完全擴展（拉出的薄膜邊緣平整沒有鋸齒）。

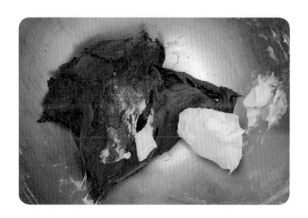

5 折疊整圓

將揉勻的麵團輕輕整成圓形，放上烤盤稍微拍扁。

6 基本發酵

將麵團放入發酵箱（溫度 30 度，濕度 75 度）發酵 20 分鐘，也可以蓋上濕布或保鮮膜放於室溫發酵。

7 分割麵團

將麵團分成 85g 一份，搓圓後捏起麵團底部收合。

8 中間發酵

將分割後的麵團放入發酵箱（溫度 30 度，濕度 75 度）發酵 20 分鐘，也可以蓋上濕布或保鮮膜放於室溫發酵 30 分鐘。

....

ⓒ 包餡整形

9

將麵團稍微拉長、擀平後翻面，用手指壓平固定靠近自己一側的麵團。

⊃ 拉長

⊃ 擀平　　　　　　⊃ 翻面固定

10 包入巧克力

沿著麵團邊緣放上水滴巧克力，從遠端向內捲起。捲成長條狀後，再把兩端搓得更尖。

➲ 放上巧克力

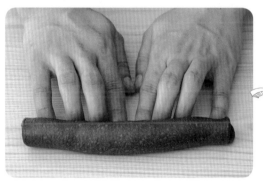

➲ 向內捲起

➲ 兩端搓尖

11 三股辮整形

請參考 p.31 的整形方式，將麵團整成三股辮造型。

烘烤

12 最後發酵

完成的麵團放入吐司模中,室溫或發酵箱(溫度 34 ～ 36 度,濕度 75 度)發酵 60 ～ 70 分鐘約 8 ～ 8.5 分模高度。

13 烘烤

發酵後的吐司表面噴水,撒上珍珠糖裝飾。烤箱預熱至上火 160 度,下火 240 度,烘烤 28 ～ 32 分鐘即完成。

三色吐司

　　還記得小時候，只要在麵包店看到三色吐司，都會被漂亮的顏色吸引，想要買回家吃。但是過去的作法通常使用人工色素調色，現代人對吃得越來越講究，這種顏色鮮艷的麵包也越來越少了。要自己做來吃，當然要吃得健康安心，所以我用天然的紅麴粉跟紫薯粉調色，做出來的三色吐司不僅漂亮美味，還很天然健康。內餡包入奶酥、芋泥和葡萄乾，層層的豐富口感，讓你三個願望一次滿足！

🌾 材料（2條）

【中種麵團】

高筋麵粉……315g	乾酵母……5g	水……63g
奶粉……18g	全蛋……45g	牛奶……90g

【主麵團】

中種麵團 536g	鹽……5g	湯種麵團……45g
高筋麵粉……135g	碎冰……90g	（作法請見 p.127）
上白糖……90g	無鹽發酵奶油……45g	

【色粉】

紫薯粉……16g	紅麴粉……12g
水……16g	水……8g

【紫薯酥菠蘿】

無鹽發酵奶油……30g

糖粉……25g

低筋麵粉……55g

紫薯粉……5g

【內餡】

奶酥餡（紅色麵團）……45g×2

芋泥餡（紫色麵團）……45g×2

葡萄乾（黃色麵團）……30g×2

全蛋液……適量（刷於表面）

【模具】

「三能模具」吐司模（SN2052）……2個

🌾 作法

Ⓐ 製作中種麵團

1 混合材料

乾酵母加水溶解，將所有「中種麵團」材料加入鋼盆，慢速攪拌2分鐘，轉至中速攪拌4～5分鐘。

Tips 慢速攪拌後，用塑膠刮刀刮下沾黏在鋼盆內壁的麵糊。

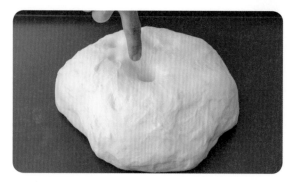

2 整圓發酵

室溫發酵60～90分鐘，手指戳下不輕易回彈即可使用。

B 製作主麵團

3 混合材料

將中種麵團分切成小塊，加入湯種、奶油以外的材料（高筋麵粉、上白糖、鹽、碎冰）慢速攪拌均勻。

 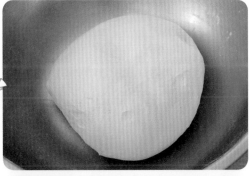

4 加入湯種

麵團成團後，加入湯種麵團，中速打至 8 分筋（可拉出薄膜的狀態）。

 湯種麵團作法請見 p.127。

➔ 可拉出薄膜的狀態

5 加入發酵奶油

加入發酵奶油，慢速拌勻後，中速打至麵團完全擴展（拉出的薄膜邊緣沒有鋸齒狀）。

6 折疊整圓

將揉勻的麵團折成三折，輕輕整成圓形，放上烤盤稍微拍扁。

⮞ 折成三折　　　　⮞ 整成圓形　　　　⮞ 拍扁

. . . .

ⓒ 製作顏色麵團

7 麵團調色

切出兩塊 300g 的麵團，分別加入紅麴粉跟紫薯粉，加水攪拌拌勻，製作紅色與紫色吐司麵團。

Tips 根據品牌不同，紫薯粉的吸水量也會不一樣。調色時如果麵團太硬，可以再加入少量的水；若太軟，可再多加一些紫薯粉。

8 基本發酵

將麵團放入發酵箱（溫度 30 ～ 32
度，濕度 75 度）發酵 20 分鐘，也
可以蓋上濕布或保鮮膜之後放於室
溫發酵。

9 整圓

將麵團分成 160g 一份，搓圓後捏起麵團底部收合。

10 中間發酵

三色麵團放入發酵箱（溫度 30 ～ 32 度，濕度 75 度），進行中間發酵 30 分鐘。

D 製作紫薯酥菠蘿

11 混合材料

將紫薯酥菠蘿的所有材料抓拌均勻，冷凍備用。

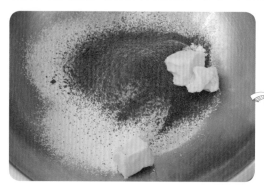

....

E 包餡整形

12 擀捲麵團

將麵團稍微拉長、擀平後翻面，用手指壓平固定靠近自己一側的麵團。

⊃ 拉長

⊃ 翻面固定

⊃ 擀平

13 包葡萄乾餡

將 30g 葡萄乾沿著邊緣放在麵團一端，向內捲起。捲成條後，再把兩端搓得更尖。

⊃ 鋪上葡萄乾　　　　⊃ 捲起　　　　　　⊃ 兩端搓尖

14 包奶酥餡

將紅色麵團以同樣手法擀平，再鋪上 45g 奶酥餡並捲起。

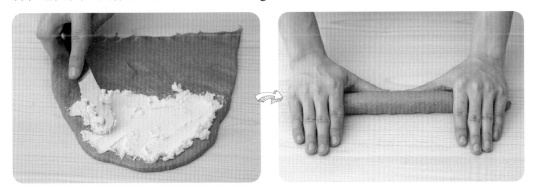

15 包芋泥餡

將紫色麵團以同樣手法擀平，再鋪上 45g 芋泥餡並捲起。

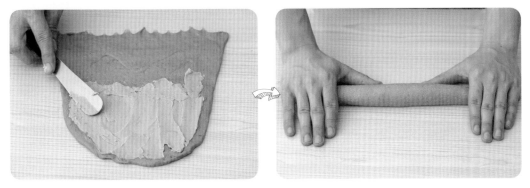

16 三股辮整形

請參考 p.31 的整形方式，將麵團整成三股辮造型。

··

F 烘烤

17 最後發酵

完成的麵團放入吐司模中，室溫或發酵箱（溫度 34 ～ 36 度，濕度 75 度）發酵 60 ～ 70 分鐘（約 8 ～ 8.5 分模高度）。

18 烤前裝飾

吐司表面刷上全蛋液，頂端撒上紫薯酥菠蘿。

19 烘烤

烤箱預熱至上火 160 度，下火 240 度，烘烤 36 ～ 42 分鐘即完成。

‖完成！‖

火燄山吐司

鹹味麵包跟鹹味吐司一直都是我的最愛，火燄山吐司不僅內層包入火腿與起司片，外層再撒上乳酪絲，烘烤後的起司就會像熔岩一樣呈現美味誘人的色澤，讓人食指大動。如果你也跟我一樣喜歡包裹滿滿起司的麵包，那你一定不能錯過這款吐司。

材料（2 條）

【中種麵團】

高筋麵粉……315g	乾酵母……5g	水……63g
奶粉……18g	全蛋……45g	牛奶……90g

【主麵團】

中種麵團 536g	鹽……5g	無鹽發酵奶油……45g
高筋麵粉……135g	碎冰……90g	
上白糖……90g	湯種麵團……45g（作法請見 p.127）	

【內餡】

火腿片……8 片	披薩乳酪絲……適量
起司片……8 片	全蛋液……適量（刷於表面）

【模具】

「三能模具」吐司模（SN2152）……2 個

🌾 作法

Ⓐ 製作麵團

1 揉和麵團

請參考 p.210 ～ 212「三色吐司」，步驟 1 ～ 6、p.213 步驟 8。

2 分割麵團

將麵團分成 220g 一份，搓圓後捏起麵團底部收合。

3 中間發酵

將分割後的麵團放上烤盤，放入發酵箱（溫度 30 ～ 32 度，濕度 75 度）發酵，或覆蓋上濕布（保鮮膜），放於室溫發酵 30 分鐘。

....

Ⓑ 整形＆包餡

4 包葡萄乾餡

將麵團稍微拉長、擀平後翻面，用手指壓平固定靠近自己一側的麵團。

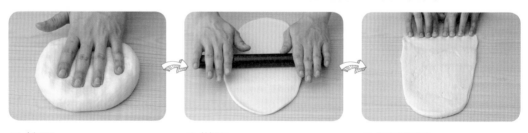

➲ 拍平　　　　　　　➲ 擀平　　　　　　　➲ 翻面固定

5 包入餡料

將火腿片及起司片切成適當大小,鋪在麵團上,再將麵團慢慢向內捲起,捲成長條形。

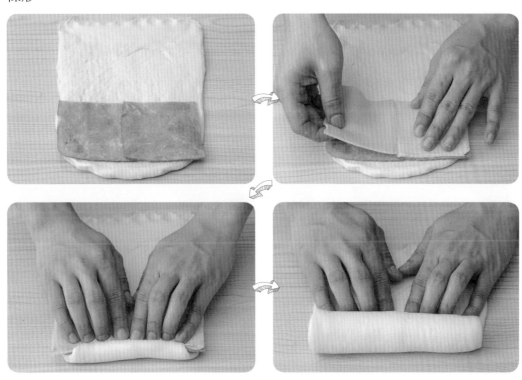

6 放入模具

捲好兩條麵團後,並排放
進吐司模中。

7 最後發酵

完成的麵團放入吐司模中,室溫或發酵箱(溫度 34 ～ 36 度,濕度 75 度)發酵 60 ～ 80 分鐘,麵團膨脹至約 7 ～ 7.5 分模高度。

C 烘烤

8 烤前裝飾

麵團表皮刷上全蛋蛋液,撒上乳酪絲。

9 烘烤

烤箱預熱至上火 160 度,
下火 240 度,烘烤 33 ～
38 分鐘即完成。

完成!

黑糖麻糬吐司

　　天然黑糖對身體有很多好處，熱量比起一般白糖、砂糖來得低，還含有鉀與鈣等營養素，所以也非常推薦使用營養價值高的黑糖來製作麵包喔。這道黑糖吐司使用湯種法製作，包裹 Q 軟麻糬，表面再鋪上巧克力酥菠蘿，一次可以吃到三種口感，是人氣相當高的變化款吐司喔！

🌾 材料（2 條）

【中種麵團】

高筋麵粉……315g	乾酵母……5g	水……113g
奶粉……23g	鮮奶……90g	

【主麵團】

中種麵團……546g	鹽……7g	無鹽發酵奶油……45g
高筋麵粉……135g	碎冰……90g	
黑糖……81g	湯種麵團……90g（作法請見 p.127）	

【巧克力酥菠蘿】

發酵奶油……25g	低筋麵粉……26g
糖粉……25g	可可粉……27g

【內餡】

黑糖麻糬 ……30g×6 份	全蛋液……適量（刷於表面）

【模具】

「三能模具」吐司模（SN2052）……2 個

🌾 作法

Ⓐ 製作中種麵團

1 混合材料

乾酵母加水溶解，將所有「中種麵團」材料加入鋼盆，慢速攪拌 2 分鐘，轉至中速攪拌 4 ～ 5 分鐘。

Tips 慢速攪拌後，用塑膠刮刀刮下沾黏在鋼盆內壁的麵糊，整理後再繼續。

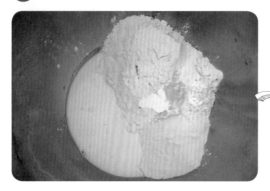

2 整圓發酵

將麵團大致整理成圓形，蓋上濕布或保鮮膜，放於室溫發酵 60 分鐘。待麵團膨脹至兩倍大，用手指戳下的不會輕易回彈即可。

Ⓑ 製作主麵團

3 混合材料

將中種麵團分切成小塊，和高筋麵粉、黑糖、鹽、碎冰放入鋼盆中，慢速攪拌均勻。

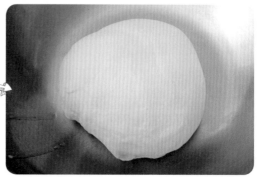

4 加入湯種

麵團成團後加入湯種麵團，以中速打至 8 分筋（可拉出薄膜的狀態）。

Tips 湯種麵團作法請見 p.127。

5 加入奶油

加入發酵奶油，慢速拌勻後，轉至中速打至完全擴展（拉出的薄膜邊緣沒有鋸齒狀）。

 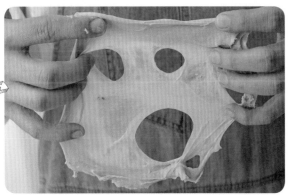

⊃ 薄膜邊緣沒有鋸齒狀

© 整形 & 發酵

6 折疊整圓

將揉勻的麵團折成三折，輕輕整成圓形，放上烤盤稍微拍扁。

⊃ 折成三折　　　⊃ 整成圓形　　　⊃ 拍扁

7 基本發酵

將麵團放入發酵箱（溫度 30 ～ 32 度，濕度 75 度）發酵 20 分鐘，也可以蓋上濕布或保鮮膜放於室溫發酵。

8 分割整圓

將麵團分成 160g 一份，滾圓後捏起麵團底部收合。

9 中間發酵

將分割後的 6 個麵團，放入發酵箱（溫度 30 ～ 32 度，濕度 75 度）發酵 20 分鐘，也可以蓋上濕布或保鮮膜放於室溫發酵 30 分鐘。

Ⓓ 製作巧克力酥菠蘿

10 混合材料

將巧克力酥菠蘿的所有材料抓拌均勻，冷凍備用。

Ⓔ 包餡整形

11 擀捲麵團

將麵團稍微拉長、擀平後翻面，用手指壓平固定靠近自己一側的麵團。

⊃ 拉長　　　　　⊃ 擀平　　　　　⊃ 翻面固定

12 包入黑糖麻糬

黑糖麻糬剖半成細長條，放在麵團上再慢慢捲起。捲成條後，用手掌將兩端搓得更尖。

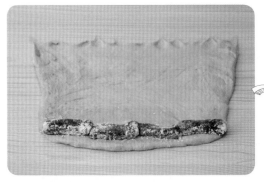

⊃ 放上黑糖麻糬

 ⊃ 捲成長條

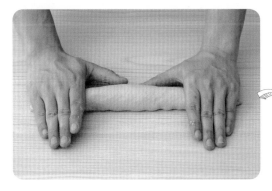

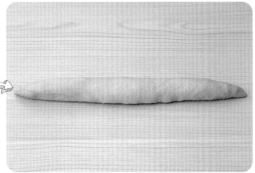

⊃ 將兩端搓尖

13 三股辮整形

請參考 p.31 的整形方式，將麵團整成三股辮造型。

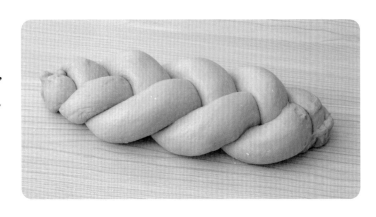

🅵 烘烤

14 最後發酵

將整形完成的麵團放入吐司模中，放於室溫或發酵箱（溫度 34 ～ 36 度，濕度 75 度）發酵 60 ～ 70 分鐘（約 8 ～ 8.5 分模高度）。

15 烤前裝飾

吐司表面刷上全蛋液，撒上巧克力酥菠蘿。

16 烘烤

烤箱預熱至上火 160 度，下火 240 度，
烘烤 36 ～ 42 分鐘即完成。

完成！

黃金巴布羅吐司

　　使用直接法製作的吐司不見得比中種或湯種法來得差！這款黃金巴布羅吐司就是用直接法製作，不但軟嫩可口，吃起來就像是蛋糕一樣。另外，這款吐司麵團中的奶油比例比其他吐司要來得多，所以奶油的選擇就相當重要了，選用好的奶油，可以增加麵包的香氣，能幫黃金巴布羅吐司大大加分。

🌾 材料（4 條）

【主麵團】

高筋麵粉……450g	奶粉……23g	冰水……180g
糖……113g	高糖乾酵母……6g	無鹽發酵奶油……135g
鹽……5g	全蛋……135g	

【黃金墨西哥餡】

無鹽發酵奶油……45g	蛋黃……67g
糖粉……45g	低筋麵粉……45g

【模具】

「三能模具」吐司模（SN2151）……4 個

🌾 作法

Ⓐ 製作麵團

1 混合材料

將奶油以外的材料（高筋麵粉、糖、鹽、奶粉、乾酵母、全蛋、冰水）放入鋼盆，慢速拌勻後，中速打至 8 分筋（可拉出薄膜）。

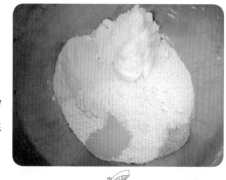

Tips 剛開始攪拌時會比較濕黏，麵團一定要打到有筋性才能放入奶油。

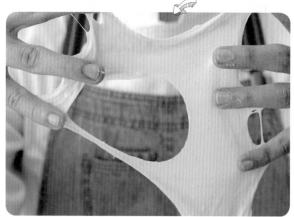

2 加入奶油

將奶油分三次加入，慢速拌勻後轉中速打至完全擴散（可拉出邊緣無鋸齒狀的薄膜）。

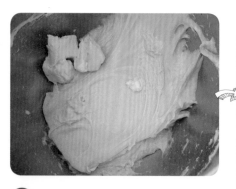

Tips 奶油要分次加入，完全拌勻後再繼續加入。

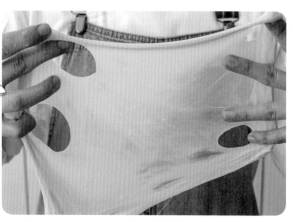

3 整圓

輕輕將麵團滾圓，放上烤盤稍微壓平。

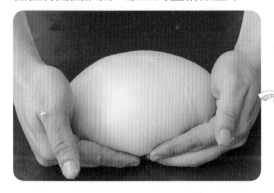 

4 基本發酵

將麵團放入發酵箱（溫度 30 ～ 32 度，濕度 75 度）發酵，或覆蓋上濕布（保鮮膜）放於室溫發酵。發酵 40 分鐘後，用手指戳下留有痕跡，不會馬上回彈即可。

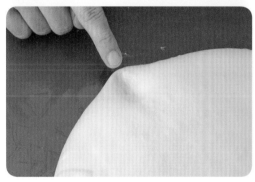

5 分割麵團

將麵團分成 85g 一份，搓圓後捏起麵團底部收合。

6 中間發酵

將分割後的麵團麵團放入發酵箱（溫度 30 ～ 32 度，濕度 75 度）發酵，或覆蓋上濕布（保鮮膜）於室溫發酵 30 分鐘後，移至冰箱冷藏 30 分鐘。

B 製作黃金墨西哥餡

7 混合材料

糖粉、低筋麵粉過篩，將奶油、糖粉、蛋黃、低筋麵粉拌勻成糊狀備用。

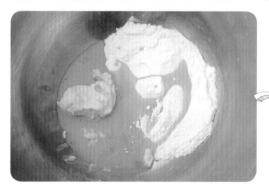

C 整形

8 擀捲麵團

將麵團用擀麵棍擀長，翻面後稍微整成長方形，固定底部，從外側向內捲起。

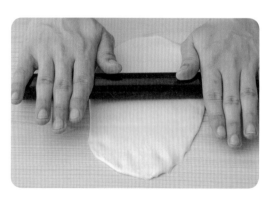

 ⊃ 擀平

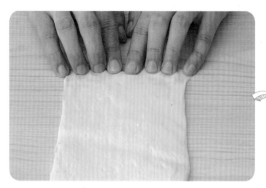
⊃ 翻面固定底部

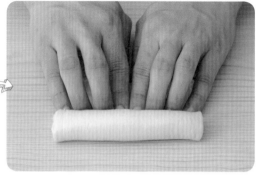
⊃ 捲起

9 再次擀捲

進行第二次擀捲。將擀捲好的麵糰再次壓扁、擀平、翻面，將底部用手指按壓固定，再用手指從前端慢慢將麵團捲入。

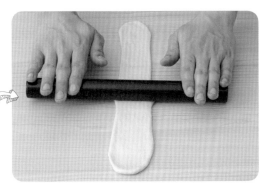

⊃ 壓平 ⊃ 擀平

⊃ 翻面固定底部 ⊃ 捲起

D 烘烤

10 最後發酵

將三卷麵團放入吐司模中，室溫或發酵箱（溫度 34 ～ 36 度，濕度 75 度）發酵 60 分鐘，麵團發至約 6 ～ 6.5 分模高度。

11 烤前裝飾

將黃金墨西哥餡裝入塑膠袋，剪開小口，平均擠上吐司麵團表面。

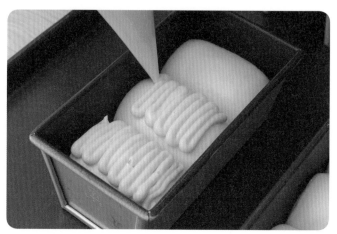

12 烘烤

烤箱預熱至上火 150 度，下火 200 度，
烘烤 32 ～ 35 分鐘即完成。

‖ 完成！‖

Part 5
造型麵包

造型麵包是烘焙當中相當有挑戰性的一環，製作
過程也比一般基礎麵包來得繁複一些，但是做出
來的成果相當逗趣可愛，讓人超有成就感。做出
來的造型麵包，不僅造型深受小朋友喜愛，拍起
照來也超專業有型，因此也是大家時常敲碗的課
程喔！

菠蘿布丁麵包

　　菠蘿麵包邊緣沾上一圈巧克力，再將柔滑的布丁填入其中，就成了小朋友的最愛！雖然製作步驟簡單易懂，但整形與填布丁時都需要細心留意，才不會讓布丁從邊緣流出來。只要掌握這些小技巧，就可以在家裡自行製作好玩又美味的菠蘿布丁麵包囉！

🌾 材料（6 個）

臺式麵包基礎主麵團……404g（作法請見 p.43）

8 吋布丁……2 片　｜　巧克力……適量

【菠蘿皮】

無鹽發酵奶油……30g	全蛋……20g	高筋麵粉（手粉）
糖粉（過篩）……30g	高筋麵粉……60g	……適量

【模具】

小蛋塔模（三能 SN6065）……6 個

🌾 作法

Ⓐ 製作麵團

1 分割麵團

將主麵團分切成 60g 的小麵團。

2 滾圓 & 發酵

請參考 p.48 步驟 2 ～ 3 的作法。

Ⓑ 製作菠蘿皮

3

參考 p.49 步驟 4 ～ 8。

4

將菠蘿皮麵團分切成各 20g。

Ⓒ 組合

5 按壓菠蘿皮麵團

將 20g 菠蘿皮麵團，沾上手粉
輕輕壓扁。

6 組合麵團

將發酵好的主麵團壓扁，用底部那面壓上菠蘿皮。

7 整圓

將主麵團底部收合，一邊轉動麵團一邊捏合，直到菠蘿皮包住整個麵團。

8 最後發酵

將麵團放入發酵箱（溫度 30 度，濕度 75 度）發酵，或蓋上濕布（保鮮膜）發酵約 60 ～ 70 分鐘。

9 戳洞

在麵團表面用竹籤戳三個洞，後續整型時，麵團比較不會膨脹變形。

10 入模

取一個蛋塔模，將模具底部，放在發酵好的麵團底部，先輕壓出一個凹洞。
將模具壓得更深，直到整個模具被麵團包覆住。

11 修整邊緣

將麵團邊緣用手指輕輕推壓，讓變得薄薄的麵團邊緣可以包覆住蛋塔模，看起來像是水母的裙邊。

 Tips 包覆蛋塔模的麵團邊緣需平整，避免後續倒入融化布丁時，布丁液會從缺口流出。

12 烘烤

包覆著模具的麵團放上烤盤，包覆模具面朝下。烤箱預熱至上火 210 度，下火 190 度，烘烤 12 分鐘。

D 填料＆裝飾

13 取出蛋塔模

麵包烘烤出爐後放涼，將蛋塔模取下。

Tips 蛋塔模壓出的凹陷之後要填入布丁，取下模具時要小心，避免破壞烤完的形狀。

14 沾上巧克力

將麵包邊緣沾上隔水加熱融化的巧克力，靠在烤盤邊緣放涼，讓巧克力凝固。

15 填入布丁液

將布丁片隔水加熱後，倒入凹槽，在室溫放涼。等布丁凝固即完成。

‖完成！‖

芋泥 QQ 麵包

　　這款芋泥 QQ 麵包，不僅在內餡包入芋泥跟麻糬，表層也用包上製作成貝殼紋的雙色 QQ 皮，不僅吃起來口感豐富有趣，在造型上也是一款相當有玩心的麵包。在組合麵包與 QQ 皮時，手法一定要格外細心，才不會在麵團發酵後整塊裂開喔。

🌾 材料（6 個）

臺式麵包基礎主麵團……404g（作法請見 p.43）

芋泥餡……180g

烤不爆麻糬……10g×6

【雙色 QQ 皮】（10 ～ 11 個）

臺式麵包基礎主麵團……200g

高筋麵粉……75g

無鹽發酵奶油……75g

紫薯粉……10g

水……15g

【模具】

紙模（直徑約 8.5 公分）……6 個

🌾 作法

Ⓐ 製作麵團

請參考 p.47 步驟 1 ～ 3 的作法。

B 製作雙色 QQ 皮

1 混合材料

甜麵團分切成小塊，加入無鹽奶油、高筋麵粉，打至完全擴展後，分切 140g 製作紫色 QQ 皮。其餘麵團冷藏 30 ～ 40 分鐘，即為原色 QQ 麵團。

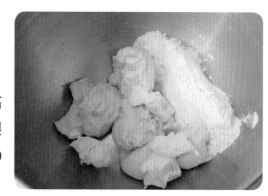

2 加入色粉

將分切的 140g 白色 QQ 麵團加入紫薯粉、水，揉和均勻，製作成紫色 QQ 皮。一樣冷藏 30 ～ 40 分鐘。

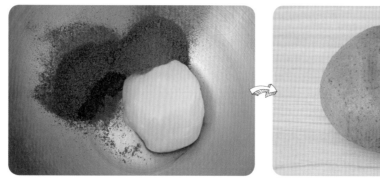

3 擀成長方形

分別將原色 QQ 麵團、紫色 QQ 麵團擀成約 0.4 公分厚的長方形。

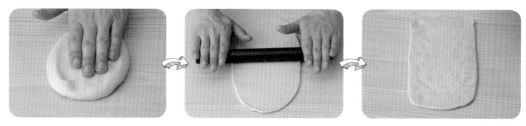

⊃ 壓平　　　　　⊃ 擀成 0.4 公分厚　　　　　⊃ 整成長方形

4 捲成圓柱狀

將紫色麵團疊在原色麵團上，將靠近身體一側的麵團用手指按壓，稍微黏在工作檯上，再稍微擀平，讓兩種麵團貼合，再捲成圓柱狀。

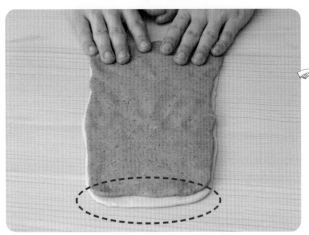

⊃ 疊起兩張麵團，最前面需保留空間

Tips 將兩種麵團疊起時，最前方需保留約 1 公分的原色麵團，可以讓捲入時的螺紋形狀比較好看。

⊃ 擀平

⊃ 捲起

5 冷凍

用塑膠袋將麵團完全包覆並放於冰箱冷凍至少一小時，使麵團變硬。

6 切片

取出麵團，切成片狀，每片約 30g。切面會呈蚊香圖案。

Tips 使用前先稍微退冰會比較好切，但要留意不能放置太久。

7 擀平

在雙色 QQ 皮上撒一點手法，用擀麵棍
輕輕擀平。

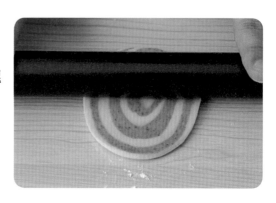

ⓒ 整形包餡

8 壓平麵團

提起麵團，底部收和，用手輕輕拍平。

9 包入餡料

包入 30g 的芋泥餡跟一顆麻糬，一邊轉
動麵團一邊捏合，直到麵團底部收合。

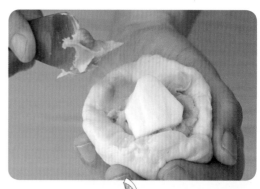

Tips 見 p.25 影片示範。

10 包覆麵團

將 QQ 皮放上包好餡的麵團，輕拉邊緣向下完全包住麵團，並用掌心稍微整理。

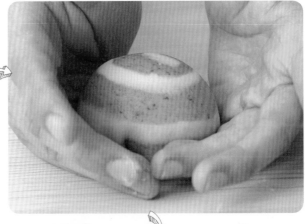

Tips 包覆時動作要輕，小心不要扯破。

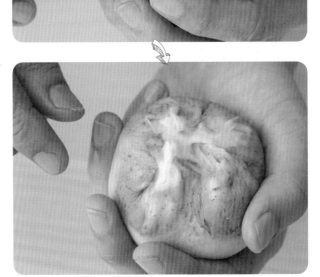

11 整理縮口

將底部的 QQ 皮拉緊靠攏，收於底部。

12 最後發酵

將麵團放上紙模,並蓋上濕布,於室溫進行發酵 60 ～ 70 分鐘,膨脹至 2 ～ 2.5 倍大即可。

13 烘烤

烤箱預熱至上火 160 度,下火 220 度,烘烤 15 ～ 17 分鐘即完成。

完成!

熊貓麵包

　　黑白分明的熊貓造型麵包，是烘焙課程中相當受到歡迎的品項，因為生動可愛的造型不只小朋友喜歡，大人看了忍不住大喊超級卡哇伊！為了增添口感，除了臉部的麵團包入香甜奶酥餡，還加入小巧思，在耳朵麵團中包入蔓越莓，吃下去的瞬間也有找到寶藏的驚喜感呢！

材料（6 個）

【主麵團】

高筋麵粉……160g	乾酵母……2g	熱水……12g
低筋麵粉……40g	全蛋……20g	黑碳可可粉……6g
上白糖……32g	動物鮮奶油……20g	無鹽發酵奶油……20g
鹽……3g	冰水……84g	

【奶酥餡】

無鹽發酵奶油……57g	鹽……1g	玉米粉……10g
糖粉（過篩）……34g	全蛋……20g	全脂奶粉……67g

【白皮麵團】

高筋麵粉……160g	無鋁泡打粉……2g	無鹽發酵奶油……100g
低筋麵粉……40g	鹽……2g	冰水……100g

【配料】

72% 巧克力……適量	蔓越莓乾……1～2 個 ×12

🌾 作法

Ⓐ 製作麵團

1 揉和麵團

請參考 p.166「黑眼豆豆小餐包」，步驟 1 ～ 6。

2 分割麵團

將麵團分成 50g 一份、5g 兩份（分別製作圓仔的頭與耳朵），搓圓後捏起麵團底部收合。

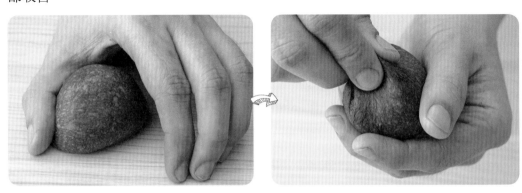

3 中間發酵

將分割後的麵團放上烤盤，放入發酵箱（溫度 30 ～ 32 度，濕度 75 度）發酵，或覆蓋上濕布（保鮮膜），放於室溫發酵 30 分鐘。

....

Ⓑ 製作白皮麵團

4 混合材料

在攪拌鋼盆內放入所有白皮麵團材料，慢速拌勻後轉中速打至完全擴散。

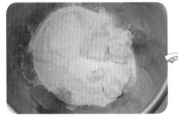 

⇨ 可拉出薄膜的狀態

5 分割麵團

將白皮麵團分成35g一份，搓圓後捏起底部收合。

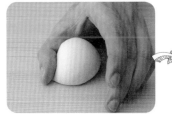

6 蓋起備用

用塑膠袋蓋起，冷藏備用。

Tips 沒使用完的白皮麵團可冷凍保存約30天，使用前一天先移至冷藏退冰即可。

ⓒ 整形 & 包餡

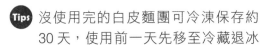

7 拍平麵團

捏起麵團底部後，用手指輕拍平，中間比四周稍厚一些。

8 包入餡料

50g 的大麵團包入 10 ～ 15 克的奶酥餡、5g 的小麵團包入剪成小塊的蔓越莓乾，捏起底部收合。

D 組合

9 擀平白皮麵團

白皮麵團沾手粉，在桌面
稍微拍平後，再用擀麵棍
擀得更薄。

10 蓋出造型

拿兩個圓型模具，在白皮上方蓋出兩個小洞，壓出熊貓的黑眼圈。

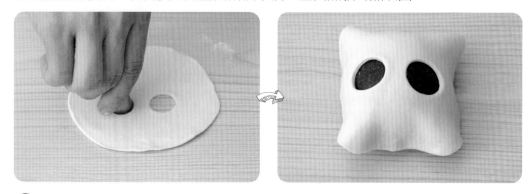

> **Tips** 可使用花嘴的背面，或任何大小適合的圓形模具壓洞。

11 包起麵團

將壓好洞的白皮放上麵團，以對角線方向輕拉白皮並包起
麵團。

> **Tips** 包起麵團時要注意力道，小心不要
> 拉破白皮。

12 最後發酵

將包上白皮的麵團與兩個 5g 麵團組合，於室溫或發酵箱（溫度 34 ～ 36 度，濕度 75 度）發酵 40 ～ 50 分鐘。

E 烘烤

13 烘烤

烤箱預熱至上火 170 度，下火 200 度，烘烤 12 ～ 16 分鐘即完成。

14 裝飾

巧克力隔水加熱，裝進塑膠袋中再剪一小缺口，在出爐後的麵包擠上熊貓五官即完成。

‖ 完成！‖

菠菜毛毛蟲

　　跟熊貓造型麵包一樣深受小朋友喜愛的造型麵包，就是這款菠菜毛毛蟲啦，活用墨西哥醬烘烤時的流動特性，擠出條紋裝飾的同時，也能做出毛毛蟲的腳，是不是非常可愛呢？為了增加吃起來的趣味性，內餡包入蜜紅豆粒跟QQ的粿加蕉，甜甜口味大人小孩都超喜歡喔。

 **材料**（5 條）

【主麵團】

高筋麵粉……160g	鹽……3g	冰水……110g
法國麵粉……40g	乾酵母……2g	無鹽發酵奶油……10g
菠菜粉……9g	鮮奶油……30g	湯種麵團……20g
上白糖……20g	蜂蜜……10g	（作法請見 p.127）

【內餡】

| 蜜紅豆粒……125g | 粿加蕉……100g |

【裝飾】

| 墨西哥醬……適量 | 72% 巧克力……適量 |

🌾 作法

Ⓐ 製作麵團

1 混合材料

將湯種、無鹽發酵奶油以外的材料（高筋麵粉、法國麵粉、菠菜粉、上白糖、鹽、乾酵母、鮮奶油、蜂蜜、冰水）放入攪拌鋼盆中，慢速攪拌均勻。

2 加入湯種

麵團成團後，加入湯種麵團，中速打至 8 分筋（可拉出薄膜的狀態）。

Tips 湯種麵團作法請見 p.127。

3 加入無鹽奶油

加入無鹽發酵奶油，慢速拌勻後，中速打至麵團完全擴展（拉出的薄膜邊緣沒有鋸齒狀）。

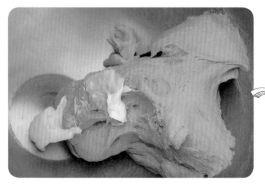

4 麵團整圓

將麵團以三等份折疊,壓平。

◯ 從中間拉起,兩端往下　◯ 推整成圓形　　　◯ 輕輕拍平
折成 1/3 大小

5 基本發酵

將麵團放入發酵箱(溫度 30 度,濕度 75 度)發酵,或覆蓋上濕布(保鮮膜),放於室溫發酵。發酵 40 分鐘後,將麵團重新以三等份折起、拍平,繼續發酵 20 分鐘。

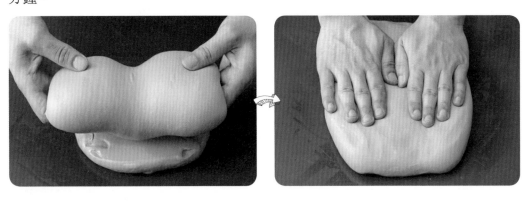

B 分割 & 發酵

6 分割麵團

將麵團分成 60g 一份,搓圓後捏起麵團底部收合。

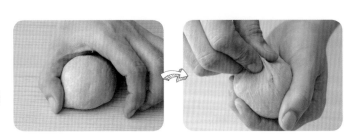

7 中間發酵

將分割後的麵團放上烤盤，放入發酵箱（溫度 30 度，濕度 75 度）發酵，或覆蓋上濕布（保鮮膜），放於室溫發酵 30 分鐘。

C 整形

8 擀平麵團

麵團用手稍微壓扁，再用擀麵棍擀長。

⊃ 用手拍平　⊃ 擀長

9 鋪上餡料

麵團翻面，將底部（靠近身體的一面）用手指按壓，使麵團黏在檯面上，鋪上 25g 的蜜紅豆與 20g 的粿加蕉（可先切成小塊）。

10 捲起搓長

將鋪上餡料的麵團輕輕向內
捲起。捲成條狀後，再把兩
端搓得更尖。

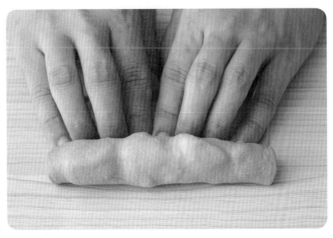

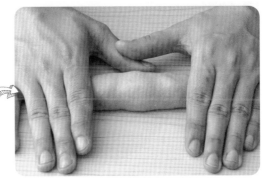

11 最後發酵

麵團放上烤盤，於室溫或發酵箱（溫度 34 度，濕度 75 度）發酵 60 ～ 70 分鐘。

D 烘烤&填餡

12 烤前裝飾

表面刷上全蛋液,擠上墨西哥醬。

 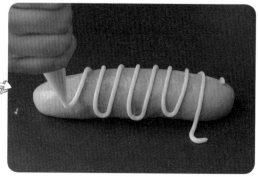

Tips 墨西哥醬要擠到接近烤盤的位置,才會看起來像毛毛蟲的腳。

13 烘烤

烤箱預熱至上火 210 度,下火 190 度,烘烤 11 ～ 13 分鐘。

14 最終裝飾

以隔水加熱的巧克力擠上眼睛裝飾即可。

‖ 完成!‖

裝蒜包

　　從韓國紅到臺灣的超夯「裝蒜包」，其實作法可是意外簡單喔！我喜歡在麵包的切口擠入滿滿生乳酪，再沾上新鮮巴西里葉跟蒜泥調製的香蒜奶油，滿溢出麵包的濃郁餡料，讓人一口接一口完全停不下來，也是一做就會馬上秒殺的超人氣麵包喔！

 **材料**（6個）

【主麵團】

法國麵粉……200g

糖……14g

鹽……4g

乾酵母……2g

冰水……120g

無鹽發酵奶油……12

湯種麵團……40g

（作法請見 p.127）

【裝蒜餡】

新鮮巴西里葉……18g

無鹽發酵奶油……90g

鹽……2g

糖……2g

蒜泥……18g

蜂蜜……6g

動物鮮奶油……24g

沙拉醬……24g

帕瑪森起司粉……6g

【乳酪餡】

生乳酪……適量

作法

A 製作麵團

1 揉和麵團

請參考 p.153「鹽可頌」，步驟 1 ～ 5。

2 分割麵團

將麵團分成 60g 一份，搓圓後捏起麵團底部收合。

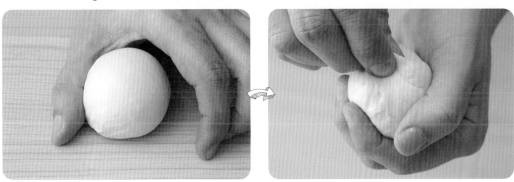

3 中間發酵

將分割後的麵團放上烤盤，放入發酵箱（溫度 30 度，濕度 75 ～ 80 度）發酵，或覆蓋上濕布（保鮮膜），放於室溫發酵 30 分鐘。

....

B 整形

4 輕拍整圓

用手輕拍麵團後在桌面搓圓，捏起麵團底部收合。

5 最後發酵

麵團放上烤盤，於室溫或發酵箱（溫度 34 ～ 36 度，濕度 75 度）發酵 75 ～ 80 分鐘。

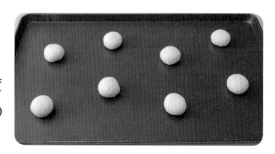

....

Ⓒ 烘烤＆填餡

6 一次烘烤

蒸氣烤箱預熱至上火 210 度，下火 190 度，蒸氣 6 秒，烘烤 9 ～ 11 分鐘。

7 擠入生乳酪

出爐後的麵包稍微放涼，淺切三刀，不要切斷。切口擠入生乳酪。

8 製作裝蒜餡

巴西里葉預先打成泥,將所有裝蒜餡材料放入鋼盆隔水加熱,攪拌均勻後移開熱水。

9 沾上裝蒜餡

抓住麵包底部,沾滿裝蒜餡。

10 二次烘烤

沾完餡的麵包再次放入烤箱,以上火 190 度,下火 190 度,烘烤 8 ～ 10 分鐘即完成。

‖完成!‖

芝士菠菜南瓜

　　這款芝士菠菜南瓜麵包，使用包入南瓜丁跟乳酪丁的南瓜麵團，與製作菠菜毛毛蟲的綠色菠菜麵團做出高雅造型，調色上也都使用天然的南瓜粉與菠菜粉，吃起來不僅濃郁美味，對健康也無負擔，非常適合跟家人一同分享。

 材料（2 顆）

【主麵團】

高筋麵粉……200g	乾酵母……2g	南瓜丁……50g
南瓜粉……4g	冰水……110g	乳酪丁……50g
上白糖……22g	鮮奶油……30g	湯種麵團……20g
鹽……3g	無鹽發酵奶油……10g	（作法請見 p.127）

【菠菜麵團】

請參考 p.259「菠菜毛毛蟲」……160g

【內餡】

起司片……2 片

【裝飾】

裸麥粉……適量	乳酪丁……適量

1 混合材料

將高筋麵粉、南瓜粉、上白糖、鹽、乾
酵母、鮮奶油放入鋼盆中，慢速將材料
攪拌均勻。

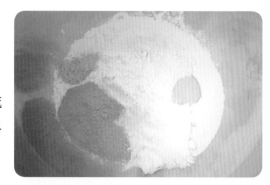

2 加入湯種

麵團成團後，加入湯種麵團，中速打至
8 分筋（可拉出薄膜的狀態）。

Tips 湯種麵團作法請見 p.127。

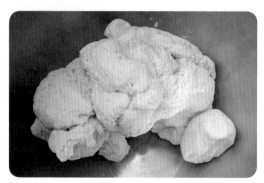

3 加入奶油

加入無鹽發酵奶油，慢速拌勻後，中速打至九分筋（拉出的薄膜邊緣沒有鋸齒
狀）。

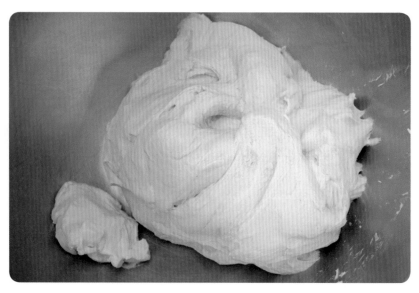

4 折入餡料

麵團鋪平，在表面 2/3 面積鋪上南瓜丁
與乳酪丁，抓起未鋪上的那側麵團折入
1/3，再將剩下 1/3 折起。

 ➲ 鋪上乳酪丁與南瓜丁

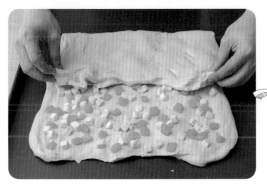

➲ 折入 1/3

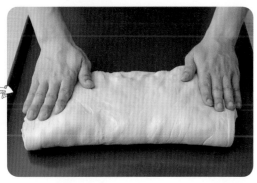

➲ 折起另外 1/3

5 第二次折入餡料

麵團拍平轉正，再一次鋪上乳酪丁與南
瓜丁，重複三等份折疊。

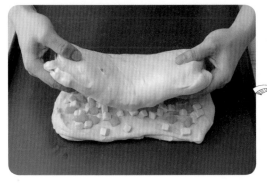

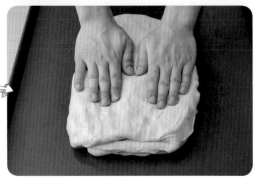

6 基本發酵

將麵團拍平，放入發酵箱（溫度 34 度，濕度 75 度）發酵，或覆蓋上濕布（保鮮膜），放於室溫發酵。發酵 40 分鐘後，將麵團重新以三等份折起、拍平，繼續發酵 20 分鐘。

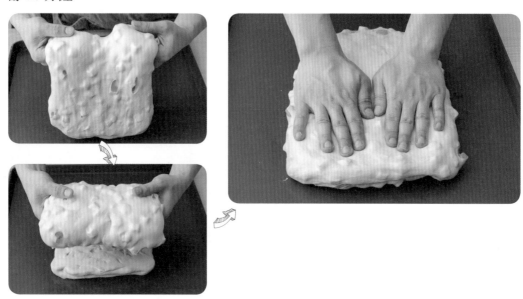

Ⓑ 分割 & 發酵

7 分割主麵團

將麵團分成 170g 一份，搓圓後捏起麵團底部收合。

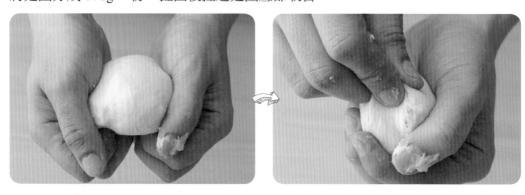

8 分割菠菜麵團

請參考 p.260 的作法 1 ～
5，將麵團分成 80g 一份，
搓圓後捏起麵團底部收合。

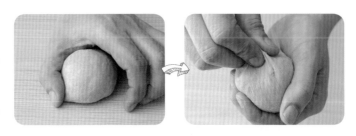

9 中間發酵

將分割後的麵團放上烤盤，放入發酵箱（溫度 30 度，濕度 75 度）發酵，或覆蓋
上濕布（保鮮膜），放於室溫發酵 30 分鐘。

C 整形 & 組合

10 拍平麵團

用手輕拍主麵團，拍平後將邊緣推成四邊形

11 包入起司片

將起司片放上麵團,四角對四邊。抓起麵團的四個角,以對角線方式包起。

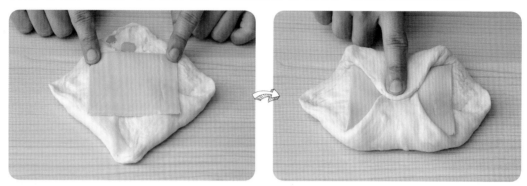

12 整平邊界

用手指將麵團的邊界捏平,烘烤時起司才不容易溢出。

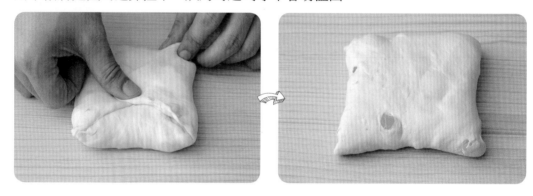

13 擀平菠菜麵團

用手輕輕拍平菠菜麵團,再用擀麵棍擀得更薄。

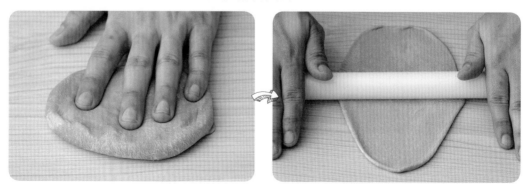

14 整成四邊形

用手指將菠菜麵團推成四邊形，包好起司片的主麵團封口朝下，一樣四角對四邊放上菠菜麵團。

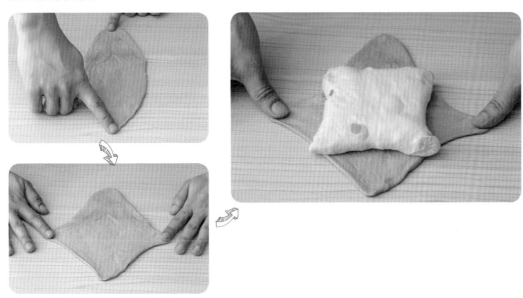

15 包起菠菜皮

將菠菜麵團的四角稍拉長，以對角線方式拉至主麵團中心，手指按壓固定。

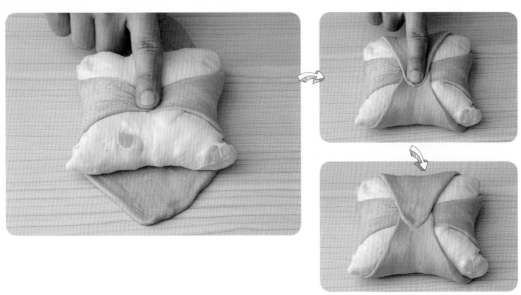

16 最後發酵

麵團放上鋪有烘焙紙的木烤盤，於室溫或發酵箱（溫度 34 度，濕度 75 度）發酵 60 ～ 70 分鐘。

D 烘烤

17 烤前裝飾

撒上裸麥粉裝飾，中間放上適量乳酪丁，用手指稍壓入麵團。

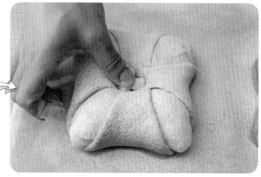

18 烘烤

蒸氣烤箱預熱至上火 200 度，下火 180 度，滿蒸氣（約 6 秒）烘烤 14 ～ 18 分鐘即完成。

小南瓜麵包

一顆顆的小南瓜出現在眼前，是不是非常可愛呢？這款麵包是芝士菠菜南瓜麵包的變化款，用兩款麵團做出南瓜表皮紋路，再放上南子籽做出南瓜的蒂頭，俏皮的小南瓜就完成囉！

材料（10 顆）

【主麵團】

高筋麵粉……200g	乾酵母……2g	南瓜丁……50g
南瓜粉……4g	冰水……110g	乳酪丁……50g
上白糖……22g	鮮奶油……30g	湯種麵團……20g
鹽……3g	無鹽發酵奶油……10g	（作法請見 p.127）

【菠菜麵團】

請參考 p.259「菠菜毛毛蟲」……160g

【裝飾】

南瓜子……適量

A 製作麵團

1 揉合麵團

請參考 p.272「芝士菠菜南瓜」步驟 1 ～ 6。

··

B 分割主麵團

2 分割主麵團

將主麵團分成 50g 一份，
搓圓後捏起麵團底部收合。

3 分割菠菜麵團

請參考 p.260 的作法 1 ～ 5，將麵團分成 15g 一份，搓圓後捏起麵團底部收合。

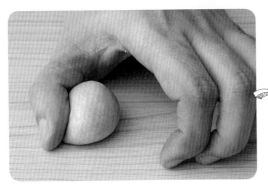

4 中間發酵

將分割後的麵團放上烤盤，
放入發酵箱（溫度 30 度，
濕度 75 度）發酵，或覆蓋
上濕布（保鮮膜），放於
室溫發酵 30 分鐘。

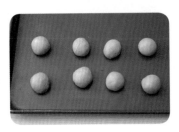

C 整形 & 組合

5 拍平麵團

用手輕拍主麵團，捏起麵團底部收合。

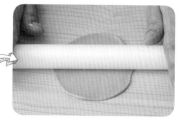

6 擀平菠菜麵團

輕輕拍平菠菜麵團，再用擀麵棍擀得更薄。

7 組合菠菜皮 & 麵團

菠菜皮放上主麵團，對角線捏合包起。

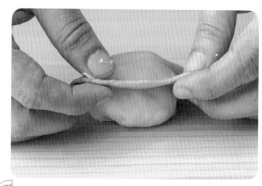

8 剪出裝飾

用大拇指和食指捏住麵團中心，用剪刀剪出六道切口，小心不要剪斷。

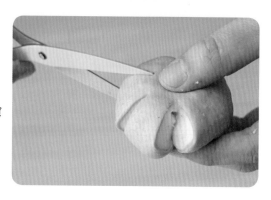

9 最後發酵

麵團放上烤盤，於室溫或發酵箱（溫度34度，濕度75度）發酵40～50分鐘。

....

D 烘烤

10 烘烤

烤箱預熱至上火200度，下火180度，烘烤10～12分鐘。

11 最終裝飾

用小刀或其他工具在出爐後的麵包中心輕壓下缺口，插入南瓜子裝飾即完成。

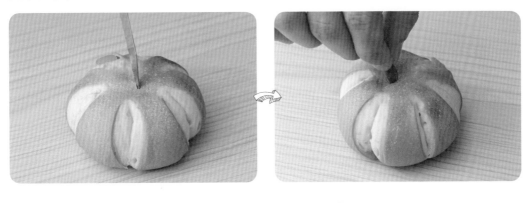

‖ 完成！‖

生活樹 089

吳介甫的熱賣麵包課

經典臺式‧人氣吐司‧造型麵包，40款必學美味麵包全圖解
【附7種整形技法示範影片】

作　　　者　吳介甫
總 編 輯　何玉美
主　　　編　紀欣怡
責 任 編 輯　謝宥融
攝　　　影　力馬亞文化創意社
封 面 設 計　張天薪
版 型 設 計　theBAND‧變設計— Ada

────────────────────────

出 版 發 行　采實文化事業股份有限公司
行 銷 企 劃　陳佩宜‧黃于庭‧蔡雨庭‧陳豫萱‧黃安汝
業 務 發 行　張世明‧林踏欣‧林坤蓉‧王貞玉‧張惠屏
國 際 版 權　王俐雯‧林冠妤
印 務 採 購　曾玉霞
會 計 行 政　王雅蕙‧李韶婉‧簡佩鈺
法 律 顧 問　第一國際法律事務所　余淑杏律師
電 子 信 箱　acme@acmebook.com.tw
采 實 官 網　http://www.acmebook.com.tw
采 實 臉 書　http://www.facebook.com/acmebook01

────────────────────────

Ｉ Ｓ Ｂ Ｎ　978-986-507-507-1
定　　　價　480 元
初 版 一 刷　2021 年 9 月
劃 撥 帳 號　50148859
劃 撥 戶 名　采實文化事業股份有限公司
　　　　　　104 臺北市中山區南京東路二段 95 號 9 樓
　　　　　　電話：(02)2511-9798
　　　　　　傳真：(02)2571-3298

國家圖書館出版品預行編目資料

吳介甫的熱賣麵包課：經典臺式‧人氣吐
司‧造型麵包，40 款必學美味麵包全圖
解【附 7 種整形技法示影片】/ 吳介甫著.
-- 初版 . -- 臺北市：采實文化事業股份有
限公司 , 2021.09
288　面 ; 19×26 公分 . -- (生活樹 ; 89)
ISBN 978-986-507-507-1(平裝)

1. 點心食譜 2. 麵包

427.16　　　　　　　　　　110012921